Grundsolide mit knorrigem Charme

Kaum eine andere Lokomotivtype wies für die Elektrotraktion in Deutschland so zukunftsträchtige Basisinnovationen auf wie die E 44. Sie war die erste in großer Stückzahl gefertigte deutsche Drehgestell-Ellok mit Einzelachsantrieb und in den Drehgestellen gelagerten Fahrmotoren. Die Gewichtsersparnis durch die Schweißkonstruktion des Fahrzeugteils ermöglichte es, auf die bei Maschinen ähnlich hoher Leistung bisher obligatorischen Laufachsen zu verzichten, mithin das gesamte Dienstgewicht als Reibungsgewicht zu nutzen.

Von den drei 1930/31 erschienenen Prototypen wurde am weitestgehenden die E 44 001 der Siemens-Schuckertwerke im Lichtbogenschweißverfahren hergestellt. Sie gilt als Mutter der ab 1933 gelieferten Serienlokomotiven Bauart SSW, obschon für deren elektrischen Teil eher die E 44 101 – spätere E 44 501 – Pate stand. Doch die Serienloks glichen äußerlich eben viel mehr der E 44 001. Das an Ecken und Kanten reiche Gehäuse mit den kurzen, massiven Vorbauten prägte ihre Silhouette. Speziell die über die Stirnfenster hinausgezogenen Dachschirme verliehen den Maschinen ein als „grimmig" empfundenes Gesicht. Die bei den E 44 der Bundesbahn angebrachten Dachschirmverlängerungen milderten diesen Eindruck, damit wirkten die Loks etwas freundlicher mit freilich immer noch „knorrigem Charme".

Auch wenn die Motoren ideal für Geschwindigkeiten bis 80 km/h ausgelegt waren – die Deutsche Reichsbahn bezeichnete die mittlerweile sämtlich für 90 km/h zugelassenen E 44 in der Beschreibung von 1943 als „zur Beförderung von Eilzügen, Personenzügen und Güterzügen" bestimmte Lokomotive. Im Hinblick auf die universelle Verwendbarkeit soll schon bei ihrer Einordnung in den DRG-Nummernplan für Elloks von 1927 erwogen worden sein, sie – analog zur preußischen P 8 – als E 38 einzureihen. Tatsächlich fungierte die E 44 bei der DB bis hinein in die 1980er Jahre und bei der DR bis gegen Ende selbigen Jahrzehnts wie einst die P 8 als grundsolides „Mädchen für alles".

Selbstredend wurden die E 44 im Laufe des bis 1955 währenden Lieferzeitraums entsprechend dem technischen Fortschritt konstruktiv überarbeitet. Bei den ab 1941 gebauten „Kriegselektrolokomotiven" ersetzte man devisenbelastete Werkstoffe, vor allem Kupfer, durch sogenannte Heimstoffe. Der Zusatz „W" hinter den Betriebsnummern der E 44 152 bis 183 kennzeichnete die Ausrüstung mit elektrischer Widerstandsbremse. Auf die Einrichtung der E 44 184 bis 187 und anderer Maschinen für den Wendezugbetrieb wies der Index „G" hin. Außerdem gab es wendezugfähige E 44 mit dem Buchstaben „B", was dieses EJ-Extra erläutert und dabei manche Unklarheiten beseitigt. Wir stellen auch die Unterbaureihe E 44^5 sowie die fünf für den 50-Hertz-Betrieb auf der Höllental- und Dreiseenbahn beschafften E 244 vor. Zahlreiche Zeichnungen in dem üppig bebilderten Heft veranschaulichen die Bauartunterschiede.

Konrad Koschinski

Die „Nasenlosen"

Dem Prototyp E 44 101 folgten zwei Kleinserien der Baureihe E 44^{1}, ab 1938 bezeichnet als E 44^{5}. Die fast immer in Freilassing beheimateten Maschinen brachten es auf bis zu 50 Einsatzjahre.

➽ Seite 80

Innovatives Multitalent

Im Mechanteil entsprachen die Serien-E 44 weitgehend der E 44 001 von Siemens. Die Konzeption des elektrischen Teils hingegen wurde überarbeitet.

➽ Seite 28

Stets in süddeutschen Gefilden

Einschließlich der nachbeschafften Loks verfügte die DB über 122 Serien-E 44, dazu gesellten sich zwei Umbauten aus E 244. Der Einsatz konzentrierte sich auf Bayern und Baden-Württemberg, er endete 1984. ➽ Seite 46

Verwandte für 50 Hertz

Die Wahl einer 50-Hz-Probestrecke fiel zu Beginn der 1930er Jahre auf die Höllentalbahn im Südschwarzwald. Es wurden vier Loks mit unterschiedlicher elektrischer Ausrüstung in Dienst gestellt, deren Fahrzeugteil sich an die E 44 anlehnte. ➽ Seite 94

TITELFOTO:
A. Ritz (Gundelsheim/Neckar, April 1981)

FOTOS DIESER DOPPELSEITE:
K. Koschinski, Krauss-Maffei/ Slg. Hufschläger, A. Ritz, C. Bellingrodt/Slg. Gerhard, W. Wölke

Dem Schneidbrenner entgangen

Vertreterinnen alle E 44-Serienbauarten sind museal erhalten geblieben, dazu auch die Urahnin E 44 001. Sonderzüge können heute allerdings nur noch mit der E 44 044 bespannt werden.

➸ Seite 106

E 44 001

Probelok E 44 001

Bei der Konstruktion des Mechanteils hatte Siemens eine glückliche Hand, die elektrische Ausrüstung hingegen machte große Probleme. Mit einem Touropa-Zug steht die Probelok 1956 in Garmisch-Partenkirchen. Foto: R. Palm

Kleinserie für Freilassing – Berchtesgaden

Die Probelok E 44 101 bewährte sich auf der kurvenreichen und teils sehr steilen Strecke nach Berchtesgaden so gut, dass die Reichsbahn acht etwas modifizierte Exemplare nachbestellte. Werkfoto AEG/Slg. Asmus

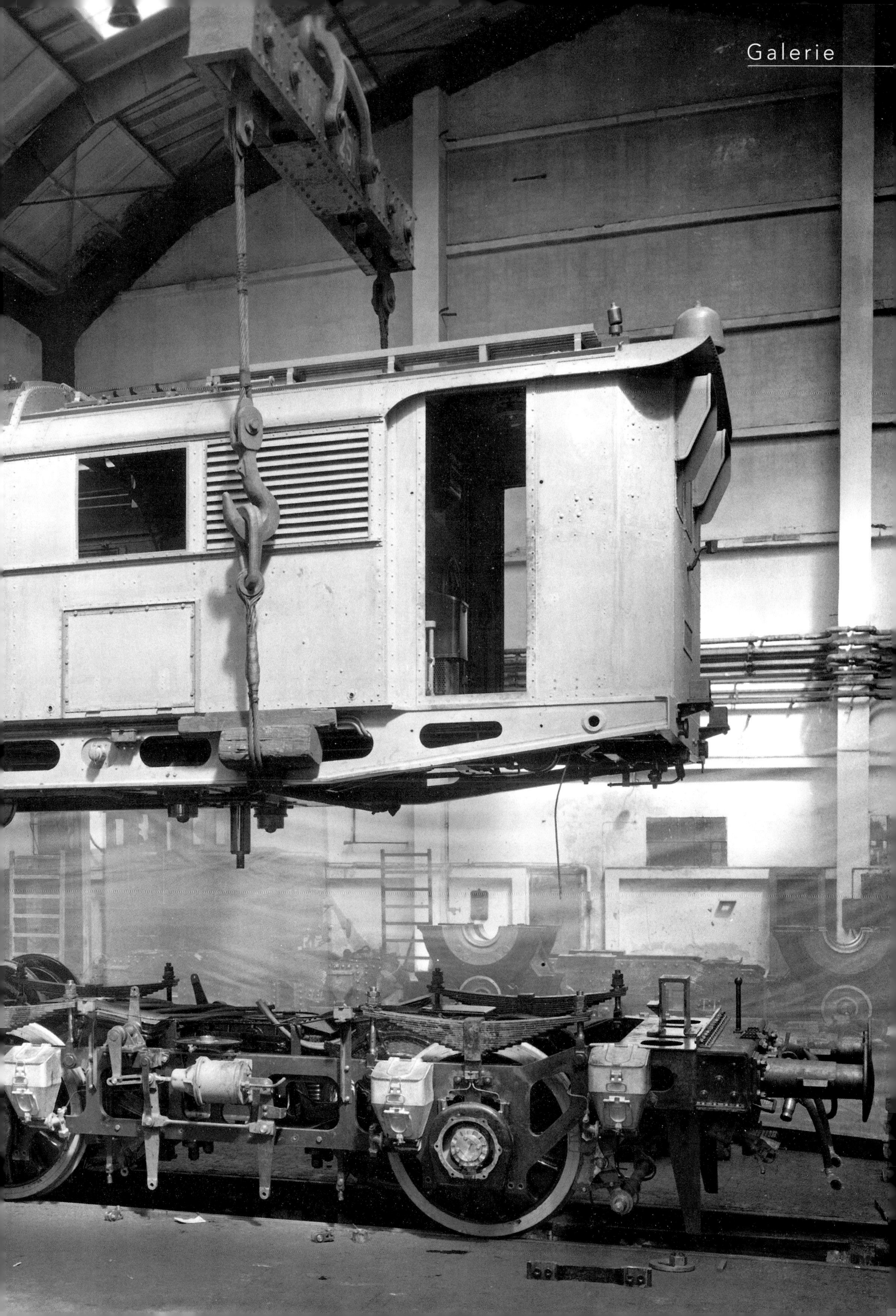

186 Serienlokomotiven

Die ersten Exemplare wurden 1933 für die Strecke München – Stuttgart geliefert. Auch in den 1970er Jahren waren E 44 im Hauptbahnhof München noch häufig zu sehen, oft mit Leerreisezügen. Foto: W. Matussek/Slg. Ritz

Vielseitig einsetzbar

Mit 90 km/h Höchstgeschwindigkeit und einer Stundenleistung von 2200 kW waren die E 44 für die Bespannung von Reise- und Güterzügen gleichermaßen geeignet. Die 144 070 (Bw Würzburg) beförderte am 15. August 1983 den N 7025 von Coburg nach Lichtenfels. Foto: A. Ritz

136
6

Epochale Drehgestell-bauart

Die knapp 2000 kW starken E 75 mit Stangenantrieb entsprachen bei ihrer Indienststellung 1928 schon nicht mehr dem Stand der Technik, mit 70 km/h Höchstgeschwindigkeit waren sie für den Personenzugdienst zudem nur bedingt geeignet. Die Lokomotivindustrie entwickelte ab 1929 deshalb drei unterschiedliche Bo'Bo'-Probelokomotiven

Schon 1912 bestellten die Bayerischen Staatseisenbahnen zwei Bo'Bo'-Loks mit Tatzlagerantrieb. Die spätere E 73 02 wurde 1915 geliefert. WERKFOTO KRAUSS/SLG. HUFSCHLÄGER

Noch bis Ende der 1920er Jahre beschaffte die Deutsche Reichsbahn-Gesellschaft vorwiegend Elektrolokomotiven mit dem althergebrachten Stangenantrieb. Zum einen fehlte dem schwer mit Reparationsschulden belasteten Unternehmen für eigentlich überfällige Neuentwicklungen das Geld. Zum anderen scheuten die maßgebliche Herren aus ihrer Sicht riskante Neuerungen und verließen sich lieber auf Bewährtes. Nur bei Schnellzug-Elloks ging die DRG schon vor 1930 generell zum Einzelachsantrieb über. Beginnend mit der ab 1926 erschienenen 1'Do1'-Type E 16, setzte sich dabei die Bauart mit im Hauptrahmen gelagerten Treibradsätzen und in Lenkgestellen gelagerten Laufradsätzen durch.

Zwar bestellte die Reichsbahn zwecks Erprobung verschiedener Antriebsarten 1925 unter anderem eine schnellfahrende Drehgestelllokomotive, doch die von Borsig und den Siemens-Schuckertwerken entwickelte E 18 01 (spätere E 15 01) mit Tatzlagerantrieb blieb ein Einzelstück. Ihre Achsanordnung (1'Bo)(Bo1') war durch die aus Gewichtsgründen erforderlichen Laufradsätze bedingt, die zudem für gute Laufeigenschaften sorgen sollten. Indes konnte der Fahrzeuglauf auf Dauer nicht befriedigen, und die etwa zur Hälfte ihrer Masse ungefedert mit tatzenförmigen Lagern auf den Radsatzwellen abgestützten Fahrmotoren waren bei Geschwindigkeiten ab etwa 80 km/h starken Stößen ausgesetzt.

Für den Personen- und leichten Güterzugdienst auf Strecken in Bayern und Mitteldeutschland gab die DRG im Jahr 1926 die Entwicklung der von 1928 bis 1931 in 31 Exemplaren gelieferten E 75 in Auftrag. Die über ein Vorgelege, eine Blindwelle und Schrägstangen angetriebenen zwei Triebwerksgruppen entsprachen jenen der dreiteiligen (1B)(B1)-Lokomotiven der Baureihe E 77. Zur Verbesserung der Laufeigenschaften wurden die E 75 einrahmig mit Laufachsen in Bisselgestellen ausgeführt, wodurch sich die Achsanordnung 1'BB1' ergab. Tatsächlich liefen die Maschinen ruhiger als die zu Schüttelschwingungen neigende E 77. Mit ihrer gegenüber der Vorgängertype geringfügig von 65 km/h auf 70 km/h heraufgesetzten Höchstgeschwindigkeit eigneten aber auch sie sich nur eingeschränkt für den Einsatz vor Personenzügen. Der Wunsch nach einer möglichst universell verwendbaren Ellok mit wenigstens 80 km/h Höchstgeschwindigkeit ließ sich besser mit der Drehgestellbauart erfüllen.

Bei den französischen Bahngesellschaften MIDI und Paris-Orléans (PO) waren seit Mitte der 1920er Jahre in größeren Stückzahlen für bis zu 90 km/h Höchstgeschwindigkeit ausgelegte Bo'Bo'-Maschinen mit Tatzlagerantrieb im Einsatz. In Österreich bewährten sich seit 1927 die ersten von insgesamt 14 für die Salzkammergutbahn und die Mittenwaldbahn beschafften Bo'Bo'-Lokomotiven der BBÖ-Reihe 1170 (spätere ÖBB-Reihe 1045). Obwohl nur für 60 km/h zugelassen, hatten diese für kurven- und steigungsreiche Gebirgsstrecken konstruierten Fahrzeuge den Sécheron-Hohlwellenfederantrieb erhalten, also eine nicht nur bei hohen Geschwindigkeiten vorteilhafte, sondern auch die Schleuderneigung beim Anfahren reduzierende volle Abfederung der Motoren. Für die Entwicklung laufachsloser Drehgestellloks der Deutschen Reichsbahn war dennoch der einfachere und billigere Tatzlagerantrieb richtungsweisend.

Die Bayerischen Staatseisenbahnen hatten bereits im Jahr 1912 zwei Bo'Bo'-Maschinen der Gattung EG 4 x 1/1 mit Tatzlagermotoren bestellt. Die 1915 gelieferten, nach 1920 vereinfacht als bayerische EG 1 und gemäß Reichsbahn-Nummernplan vom August 1926 als E 73 01 und 02 bezeichneten Lokomotiven erbrachten eine Stundenleistung von 790 kW, ihre Höchstgeschwindigkeit betrug 50 km/h. Bestimmungsgemäß meist im Vorspann- und Schiebedienst auf der kurvenreichen 40-Promille-Rampe Bad Reichenhall-Kirchberg – Hallthurm (Strecke Freilassing – Berchtesgaden) eingesetzt, zeichneten sie sich durch gute Laufeigenschaften und geringe Störanfälligkeit aus. Ab Mitte der 1920er Jahre überwogen Rangieraufgaben in Freilassing und Salzburg, dies trotz der für häufiges Anfahren ungünstigen Steuerung mit Bürstenverstellung. Die E 73 01 schied 1937 aus dem Bestand, die Ausmusterung der schließlich vom Bw Freilassing zum Bw Garmisch umbeheimateten und auf der Außerfernbahn nach Reutte in Tirol eingesetzten E 73 02 folgte im Jahr 1941.

Den Anforderungen auf der mit 3 kV 25 Hz Wechselstrom elektrifizierten und 1932 auf 6,3 kV Spannung umgestellten Hafenbahn Altona musste die von der Reichsbahn 1923 noch mit der preußischen Bezeichnung EV 5 (2. Besetzung) ALTONA in Dienst gestellte E 73 05 genügen. Insbesondere galt es hier die 27,8-Promille-Rampe vom Kai hinauf zum Altonaer Güterbahnhof zu überwinden. Wie die

Die E 73 05 der Hafenbahn Altona war sehr zuverlässig. FOTO: SLG. GARN

Österreichische 1170 (spätere ÖBB-1045) von 1927. FOTO: C. BELLINGRODT/SLG. ASMUS

im Jahr 1911 zur Hafenbahn gelangte zweiteilige EV 1/2 (spätere E 73 03) mit der Achsanordnung Bo+Bo besaß die E 73 05 Tatzlagermotoren, war jedoch als Bo'Bo'-Drehgestelllokomotive ausgeführt. Die anspruchslose und sehr zuverlässige Maschine leistete bis 1954 Dienst auf der Hafenbahn, die Einstellung des 25-Hertz-Wechselstrombetriebs in Hamburg bedeutete auch für sie das Aus. Ebenfalls stets auf der Hafenbahn Altona wurde die 1926 gelieferte E 73 06 eingesetzt. In mehrerlei Hinsicht ein Studienobjekt, erhielt diese Bo'Bo'-Lokomotive als einzige deutsche Lok den „Westinghouse-Quill-Drive" – einen für Schnellzugloks entwickelten drehelastischen Antrieb, aus dem Walter Kleinow und sein AEG-Ingenieursteam den für die E 04, E 17, E 18 und E 19 wegweisenden Federtopfantrieb ableiteten. Die Stundenleistung der E 73 06 lag mit 1180 kW bei 40 km/h wesentlich über jener der E 73 05, die nominell eine Stunde lang 740 kW bei 30 km/h leistete. Im Hafenbahnbetrieb konnte man die höhere Leistung aber nie voll nutzen, zudem waren die 1600 mm großen Treibräder für den Einsatzzweck ungünstig.

Bo'Bo' in neuer Leistungsklasse

Weitere laufachslose Drehgestelllokomotiven beschaffte die DRG bis 1931 nicht. Infolge der 1929 auch Deutschland hart treffenden Weltwirtschaftskrise ging das Verkehrsaufkommen zurück und kam die Streckenelektrifizierung ins Stocken. Angesichts dessen stornierte die finanziell klamme Reichsbahn bereits erteilte Aufträge für 48 weitere Stangen-Elloks der Baureihe E 75. Schon gar nicht in Betracht kam vorerst die Bestellung einer universell einsetzbaren Nachfolgetype. Indes wollten deutsche Elektro- und Lokomotivbaufirmen gegenüber aktuellen Entwicklungen im Ausland technologisch nicht ins Hintertreffen geraten. Daher beschlossen die Bergmann-Elektrizitäts-Werke und die Maffei-Schwartzkopff-Werke (beide gemeinsam mit der

Die 1927 gelieferte E 18 01 (spätere E 15 01) war eine Versuchslokomotive mit Tatzlagerantrieb. Aufnahme in Leipzig Hbf. FOTO: SLG. GERHARD

Die 1926 in Dienst gestellte E 73 06 der Hafenbahn Altona besaß einen besonderen Antrieb, den „Westinghouse-Quill-Drive". FOTO: SLG. FDE

Berliner Maschinenbau-AG) sowie die Siemens-Schuckertwerke (unter Hinzukauf des Wagenkastens von der Waggonfabrik Wismar), auf eigene Rechnung je eine Probelokomotive zu bauen und diese zunächst kostenlos der DRG zu überlassen.

Alle drei Maschinen wurden als Mehrzweck-Elloks in laufachsloser Drehgestellbauart mit Tatzlagerantrieb konzipiert. Vor allem die elektrische Schweißtechnik, der weitgehende Ersatz der Nietbauweise und des Stahlgusses durch geschweißte Blechkonstruktionen im mechanischen und elektrischen Teil sollte Gewicht einsparen und es ermöglichen, in einer vierachsigen Lokomotive etwa die gleiche Leistung zu installieren wie in der sechsachsigen E 75 (1'B B1'), die im Nennbetrieb eine Stunde lang 1880 kW bei 44 km/h leistete. Dabei die zulässigen Achslasten einzuhalten, war ein sehr ehrgeiziges Ziel.

Die schon in den 1920er Jahren beschafften Bo'Bo'-Maschinen der französischen Bahngesellschaften MIDI und PO leisteten nur etwa 1100 bis 1200 kW, für den Einsatz vor schweren Güterzügen waren sie überwiegend mit Doppeltraktions-Steuerung ausgerüstet. Die österreichischen 1170 (spätere 1045 der ÖBB) erbrachten eine Stundenleistung von 1140 kW bei 40 km/h, die bei den ab 1930 folgenden 1170.100 (den späteren 1145) auf 1300 kW bei 44 km/h gesteigert wurde. Erst die ab 1934 gelieferten Loks der Reihe 1170.200 (spätere 1245) waren ihren „älteren Schwestern" mit 1840 kW bei 56 km/h deutlich überlegen. Alle Maschinen der österreichischen 1170-Familie erhielten den Sécheron-Hohlwellenfederantrieb.

Tatzantrieb macht Furore

Elastische Antriebe mit voll abgefederten und relativ kleinen Hochleistungs-Fahrmotoren ermöglichten schließlich auch bei Schnellzuglokomotiven die Abkehr von der Einrahmen- zugunsten der Drehgestellbauart. Weltweit Furore machten aber zuvor Drehgestelllokomotiven mit Tatzlagerantrieb – inbegriffen dieselelektrische Maschinen, die gegen Ende der 1930er Jahre in Nordamerika auch als Zugpferde sehr schneller „Stromlinienzüge" reüssierten. Allerdings vertrug der schwere Oberbau dort wesentlich höhere Fahrzeuggewichte als in Europa, und unabgefederte Massen spielten eine vergleichsweise geringe Rolle. Europäische Eisenbahnen scheuten aus Rücksicht auf den Oberbau die Verwendung des Tatzlagerantriebs in schnellfahrenden Lokomotiven. Erst im Zeitalter der modernen Drehstromantriebstechnik schwanden die Bedenken. Beim Einsatz von Drehstrom-Asynchronmotoren wirkt sich die ungefederte Tatzlagerung weniger gravierend auf den Oberbau aus, weil solche Motoren viel leichter sind als Gleichstrom- und Wechselstrom-Kommutatormotoren ähnlich hoher Leistung. So erhielten für 140 km/h zugelassene Elloks der Traxx-Familie (DB-Baureihen 145 und 185) den gegenüber Hohlwellenantrieben billigeren Tatzlagerantrieb. Auch die für 160 km/h zugelassenen 186er und die dieselelektrischen „Traxx PE 160 DE ME" (DB-Baureihe 245) wurden damit ausgerüstet.

Lange Zeit kam ja für moderne Elloks nur die volle Abfederung der Fahrmotoren in Betracht. Der zum Grundkonzept der E 44 gehörende Tatzlagerantrieb galt als technisch überholt, nun ist er wieder aktuell. Andere essentielle Merkmale der E 44 sind für den Ellokbau immer richtungsweisend geblieben.

Schon mit den Ende der 1920er Jahre entwickelten Prototypen schafften die Konstrukteure mehrere Meilenschritte sozusagen auf einen Streich. Es gelang der Übergang vom Stangen- zum Einzelachsantrieb und zugleich zur Drehgestellbauart. Die Gewichtsreduzierung durch Einsatz der Schweißtechnik ermöglichte das Vordringen in einen Leistungsbereich, der bisher Laufachsen erforderte, um die zulässigen Achslasten nicht zu überschreiten.

Obwohl die drei E 44-Probeloks in der konstruktiven Durchbildung voneinander abwichen und sich letztlich nur zwei von ihnen bewährten: Die prinzipiellen Vorteile gegenüber der Einrahmenbauart treffen auf alle drei zu, ihre spezifische Leistung je Gewichtseinheit, gemessen in Kilowatt pro Tonne, übertraf durchweg die der E 75. Das Grundschema für Bo'Bo'-Mehrzwecklokomotiven war gefunden, auf ihm basierte auch die Entwicklung bald folgender Co'Co'-Güterzugloks. ■

Die später als E 44 001 bezeichnete Siemens-Versuchslok bei Probefahrten in Roßlau (Elbe) im Jahr 1931. WERKFOTO SIEMENS/SLG. ASMUS

Drei Konkurrentinnen

Gemeinsames Konstruktionsmerkmal der drei Drehgestelllokomotiven war der Tatzantrieb, doch sie unterschieden sich im Mechan- und im E-Teil deutlich. Nur eine konnte im täglichen Regeldienst überzeugen

Mit der Inbetriebnahme der ersten E 44, der ab 1932 so bezeichneten E 44 001, schlug im August 1930 in Deutschland die Geburtsstunde der modernen elektrischen Drehgestelllokomotive hoher Leistung. Die bei ihr schon im gesamten Fahrzeugteil und bei den zwei folgenden Prototypen weitgehend angewandte Schweißtechnik sowie spezifisch leichte Einzelmotoren verhalfen der Drehgestellbauart zum Siegeszug – mithin prinzipiell noch für heutige Hochleistungs-Elloks gültige Konstruktionsmerkmale.

Aus den im einleitenden Kapitel genannten Gründen entwickelten und fertigten die Herstellerfirmen die drei Prototyp-E 44 auf eigene Rechnung. Die

Reichsbahn durfte die Maschinen kostenlos erproben, musste aber die Konstruktion völlig der Industrie überlassen. Das für die Entwicklung und Beschaffung elektrischer Lokomotiven zuständige Reichsbahn-Zentralamt (RZA) München blieb außen vor. So wagten die Hersteller als riskant angesehene Innovationen wie das Lichtbogenschweißverfahren, im Wettbewerb um den Serienauftrag mussten sie das RZA aber erst noch von den Vorteilen technischer Neuerungen überzeugen.

Erfolg haben konnte nur eine Lokomotive, die mindestens das Betriebsprogramm der E 75 erfüllte und sich darüber hinaus mit einer Höchstgeschwindigkeit von rund 80 km/h vielseitiger auch im Personenzugdienst verwenden ließ. Unter Beachtung dieser Prämissen entstanden ab 1929/30 folgende Versuchsloks der Bauart Bo'Bo':

- die E 44 001 der Siemens-Schuckertwerke (SSW), Berlin, mit Kastenaufbau der Waggonfabrik Wismar
- die E 44 101 der Maffei-Schwartzkopff-Werke (MSW) mit mechanischem Teil der Berliner Maschinenbau AG (BMAG), beide Firmen ansässig in Wildau bei Berlin
- die E 44 201 der Bergmann-Elektrizitätswerke (BEW), Berlin-Rosenthal, mit ebenfalls von der BMAG geliefertem Mechanteil.

Alle drei Loks erhielten den Tatzlagerantrieb. Bei dieser kurz auch nur Tatzantrieb genannten Bauweise ruhen die Fahrmotoren auf der einen Seite mit Tatzlagern ungefedert auf den Treibradsätzen und sind auf der anderen Seite abgefedert im Drehgestell aufgehängt. Vehement für den Tatzantrieb plädierte Professor Dr.-Ing. Walter Reichel, Mitglied des SSW-Vorstands und Leiter des SSW-Dynamowerks, das aufgrund seiner Vertrautheit mit der Schweißung von Fundamentrahmen und Gehäusen vieler Stromerzeuger den Hauptrahmen und die Drehgestelle der E 44 001 fertigte. Hinsichtlich des Tatzantriebs verwies Reichel in einem Beitrag für die Zeitschrift „Elektrische Bahnen" (Heft 1 vom Januar 1933) auf die Bewährung der damit ausgerüsteten Schnellzugloks E 18 01 (spätere E 15 01) und E 16 101, Erstere als Drehgestelllokomotive ausgeführt. Reichel resümierte: „Der Tatzenmotor hat sich also auch für die Geschwindigkeiten der Schnellzüge und deren hohe Leistungen brauchbar gezeigt ..." Der Betriebsdienst jedoch zog bekanntlich kein so gutes Fazit.

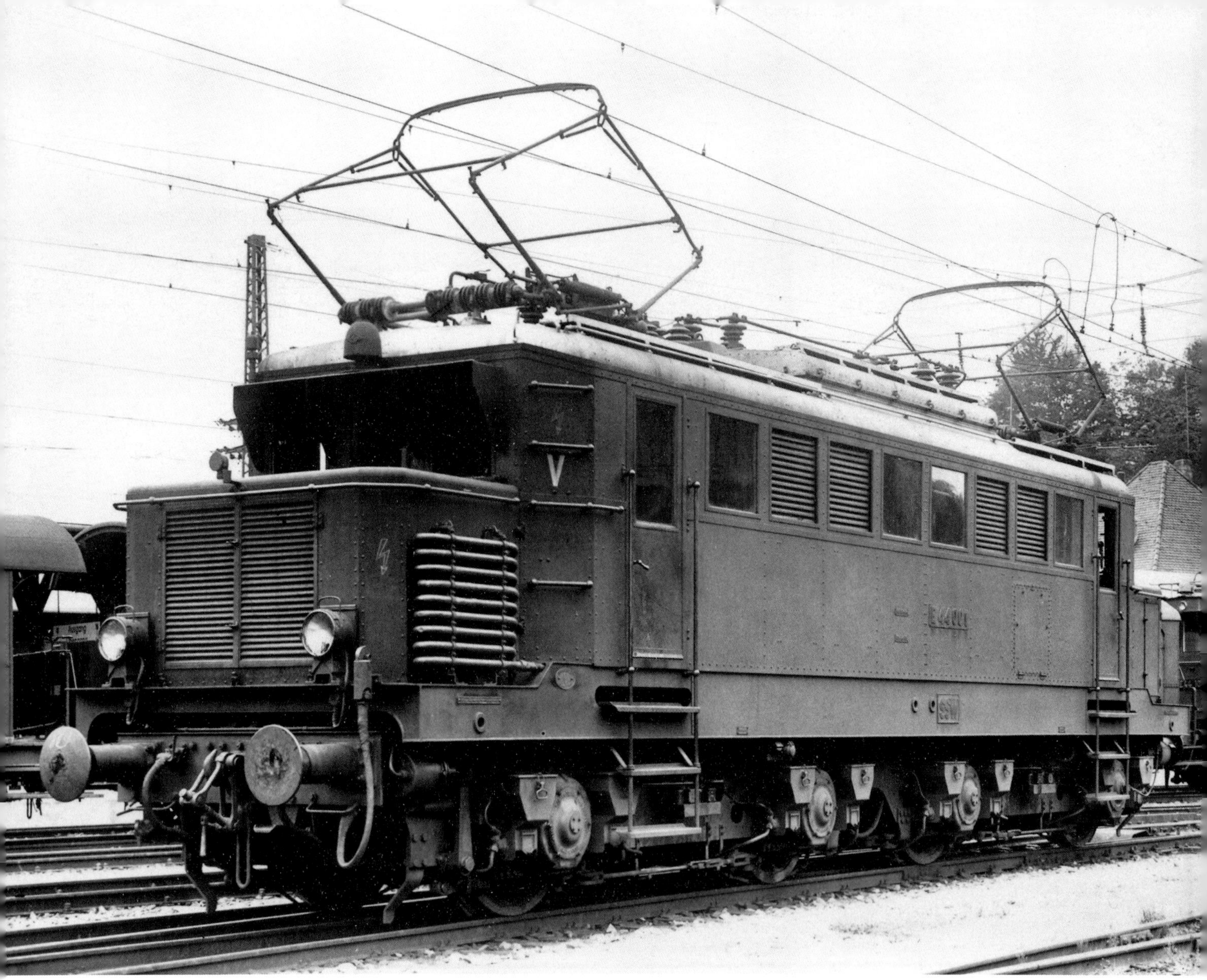

E 44 001 und E 44 104 (rechts) im Sommer 1933 in Berchtesgaden.
FOTO: H. MAEY/SLG. KNIPPING

Der Brücken- und die Drehgestellrahmen der E 44 001 wurden erstmals vollständig im Lichtbogenschweiß-verfahren gefertigt.
WERKFOTO SIEMENS/SLG. BORBE

In der konstruktiven Durchbildung unterschieden sich die Prototyp-E 44 erheblich. Der Lokomotivkasten der E 44 001 ähnelte in seiner Grundgestalt den E 15 01 und E 16 101. Der ohne Vorbauten ausgeführte Fahrzeugkasten der E 44 101 ließ die Entwicklung aus der E 75 erkennen, von der auch Hauptbauteile der elektrischen Ausrüstung (Trafo, Steuerung) abgeleitet wurden. Markant für den Lokkasten der E 44 201 waren die kleinen Vorbauten, mit der E 75 hatte er allerdings den „Dachschirm“ (das auf beiden Stirnseiten vorgezogene Dach) gemein.

Bei der E 44 001 und der E 44 101 wurden sämtliche Zug- und Druckkräfte von den miteinander gekuppelten Drehgestellen aufgenommen. Bei der E 44 201 wurde die Zugkraft von Drehgestell zu Drehgestell über die Drehzapfen und den Brückenrahmen übertragen, die begrenzt längsgefederten Drehzapfenlager minderten bei Aufstößen die Aufprallkräfte auf den Brückenrahmen. Die E 44 001 zeichnete sich durch erstmals vollständig im Lichtbogenschweißverfahren entstandene Brücken- und Drehgestellrahmen aus, weitgehend geschweißt wurde das stahlblechverkleidete Profilstahlgerippe des Lokkastens. Die Brückenrahmen und Kastengerippe der E 44 101 und 201 entstanden ebenfalls in Schweißkonstruktion. Für die Drehgestelle der E 44 101 wählte man jedoch die Barrenbauweise, für die Drehgestelle der E 44 201 die Nietenbauweise mit Stahlgussquerträgern.

Auch im elektrischen Teil wichen die Maschinen signifikant voneinander ab. Die E 44 001 und 201 bekamen als Hauptumspanner einen luftgekühlten Trocken-

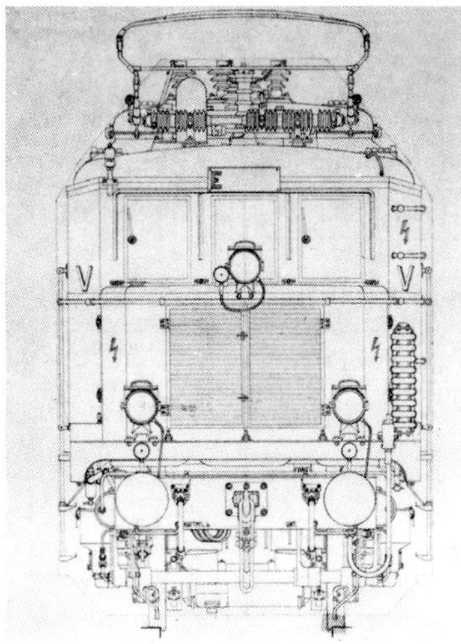

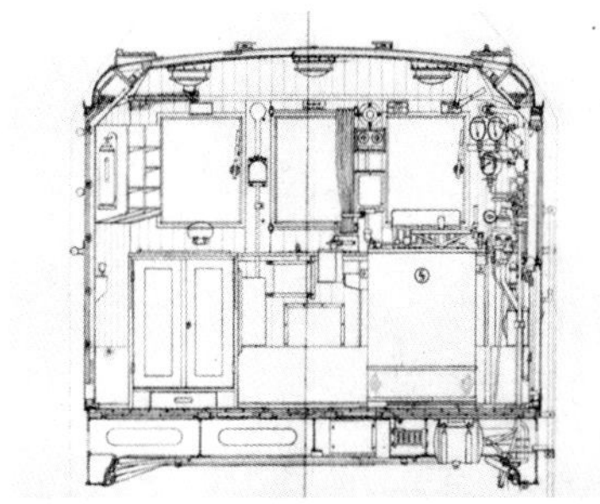

Oben: Frontansicht und Schnitt durch den Führerstand der Siemens-Versuchslok E 44 001.

Unten: Seitenansicht und Draufsicht der E 44 001. *Zeichnungen: Siemens/Slg. Richter*

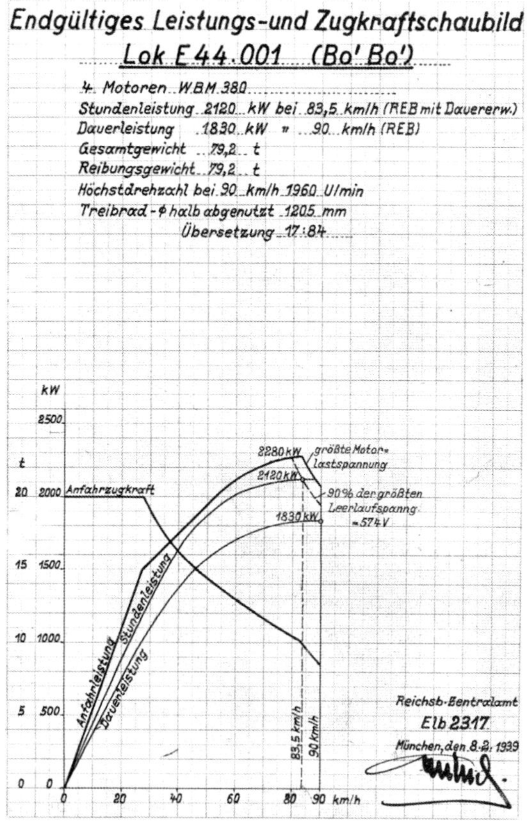

Leistungs- und Zugkraftschaubild für die E 44 001 nach dem Umbau 1939/40 (erstellt im Februar 1939). *Abb.: Slg. Borbe*

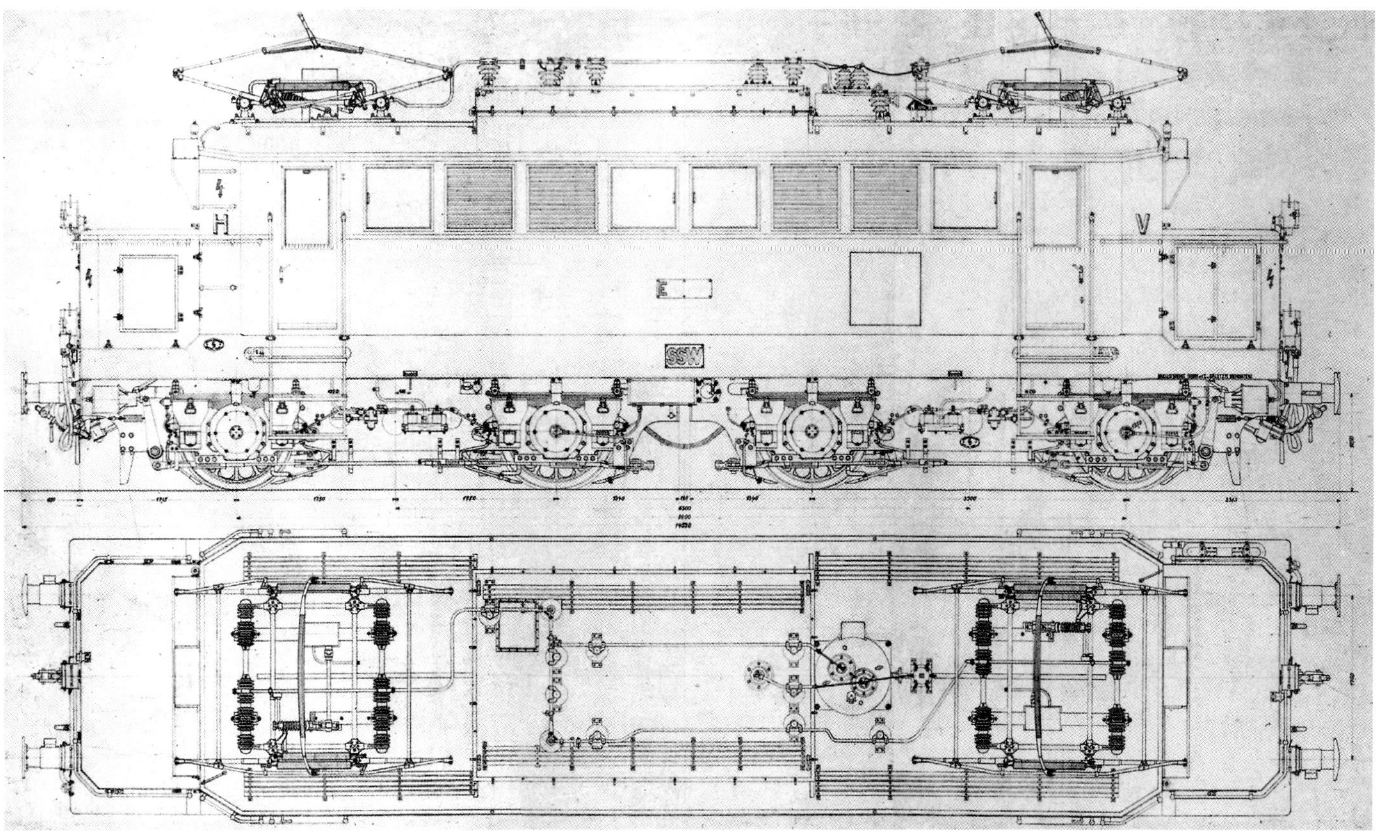

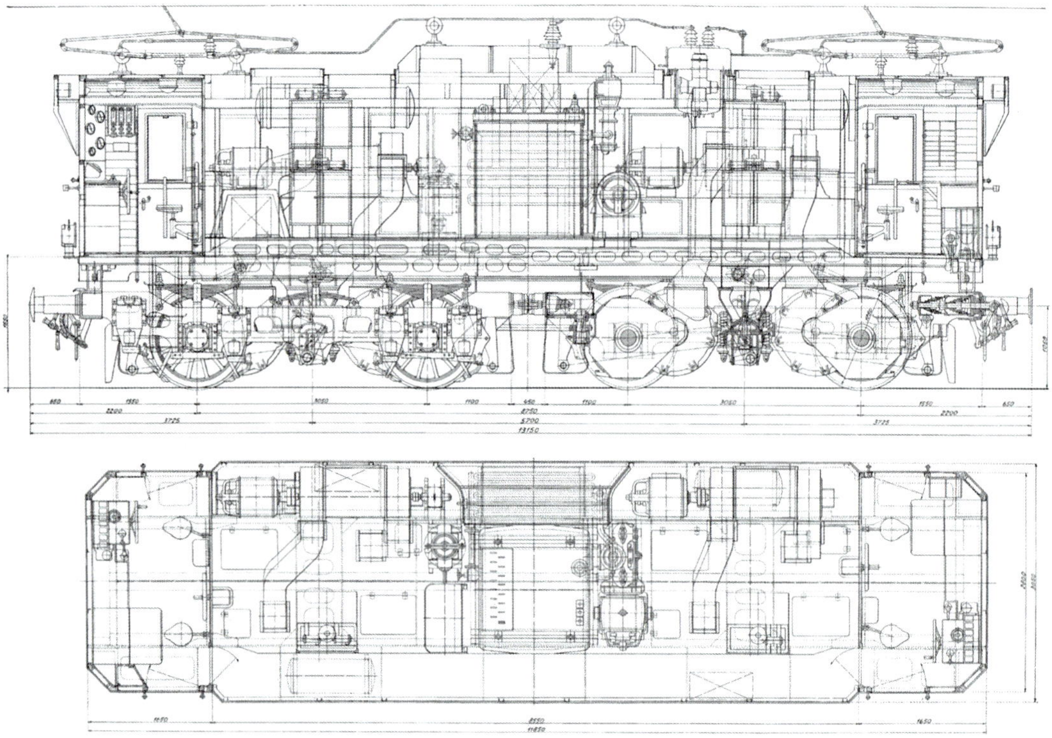

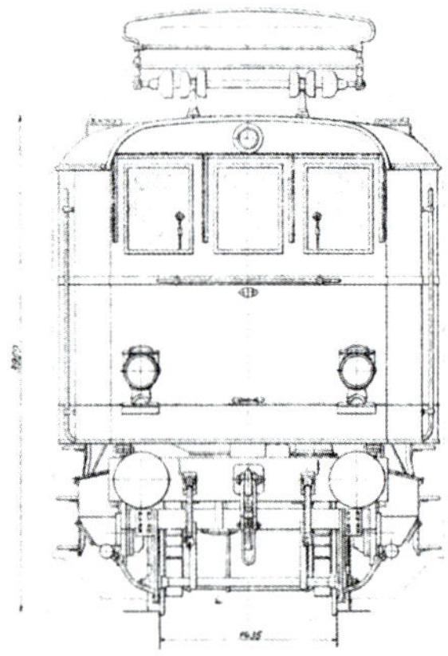

Oben: Frontansicht der E 44 101.
ZEICHNUNG: SCHWARTZKOPFF/ SLG. ZÖLLNER

Links: Längsschnitt und Grundriss der E 44 101 (spätere E 44 501).
ZEICHNUNG: SLG. HUFSCHLÄGER

transformator in Mantelbauweise. Die E 44 101 hingegen erhielt als Haupttrafo einen Öltransformator in Kernbauweise, der mit seiner fremdbelüfteten Zwangsölumlaufkühlung weitgehend dem der E 75 entsprach.

Ebenfalls unterschiedlich ausgeführt waren die Steuerungen:

• Für die Spannungsregelung der Fahrmotoren sorgte in der E 44 001 eine elektromagnetische Schützensteuerung mit 19 Dauerstufen und 54 mittels Feinschaltwerk und Zusatztransformator einstellbaren Zwischenstufen; die Steuerung war für Doppeltraktion eingerichtet.

• Die E 44 101 besaß eine aus der Steuerung der E 75 abgeleitete handbetätigte Nockenschaltersteuerung mit mechanisch gekuppeltem Kollektor-Feinregler und Zusatztransformator für die Spannungsänderung zwischen den 15 Dauerfahrstufen, außerdem je zwei Motoren zugeordnete elektropneumatische Fahrtrichtungswender und je Fahrmotor ein elektromagnetisches Trennschütz zur selektiven Abtrennung der Motoren.

• In der E 44 201 wurde die Fahrmotorspannung durch das von einem elektromagnetisch gesteuerten Druckluft-Servomotor angetriebene Nockenschaltwerk mit anfangs 12, später 15 Dauerfahrstufen eingestellt, die Spannungsänderung in Zwischenstufen erfolgte durch einen zusammen mit dem Zusatztrafo besonders klein und leicht ausgebildeten Feinregler; die Steuerung eignete sich für Doppeltraktion.

Die fremdbelüfteten Wechselstrom-Reihenschlussmotoren in geschweißten Gehäusen sowie die Getriebe wiesen folgende Charakteristika auf:

• E 44 001: Typ WBM 380, achtpolig, induktionsfreier ohmscher Widerstand ständig parallel zur Wendepolwicklung; doppelseitig geradverzahntes Getriebe mit gefedertem Großrad, Übersetzung Ritzel zu Großrad 17 : 84

• E 44 101: Typ RW 160, zehnpolig, geshuntetes Wendefeld und in offenen Nuten eingelegte getreppte Vierschichtwicklung; doppelseitig schräg verzahntes Getriebe, Übersetzung 19 : 80

• E 44 201: zehnpolig, geteilte Erregerwicklung (folglich Doppelkommutator), je nach Fahrt- bzw. Drehrichtung nur ein Wicklungsteil benutzt (daher pro Motor nur zwei statt sonst vier Schütze nötig), doppelseitig geradverzahntes Getriebe, Übersetzung 30 : 97

Bei der E 44 101 hatte man trotz gegenüber der E 75 erhöhter Leistung das zulässige Dienstgewicht von 80 Tonnen noch nicht erreicht, also auch nicht das bei einer laufachslosen Lok damit identische Reibungsgewicht. Um es voll auszunutzen und obendrein den Bremsklotzverschleiß zu mindern, wurde eine elektrische Bremse eingebaut. Zuerst erprobte man die Ausführung mit Stromrückgewinnung, bei der ein als Generator geschalteter Motor die drei anderen Motoren fremderregte. In der zweiten Version wurden die in Reihe geschalteten Erregerwicklungen der Motoren an den Haupttransformator angeschlossen und die Spannung durch das Schaltwerk mit Feinregler gesteuert, wobei die in Reihe liegenden Ankerwicklungen aller Motoren auf Bremswiderstände arbeiteten. Die dritte Ausführung unterschied sich von der zweiten nur durch einen zwischen Schaltwerk und Erregerwicklungen eingebauten Spannungsteiler. Die Bremsleistung war so bemessen, dass das gesamte Lokgewicht im Gefälle bis zu 20 Promille bei einer Geschwindigkeit von ca. 50 km/h abgebremst werden konnte. Da sie damit für das 40-Promille-Gefälle im Abschnitt Hallthurm – Bad Reichenhall-Kirchberg der Strecke Berchtesgaden – Freilassing viel zu schwach dimensioniert war, wurde sie bald wieder ausgebaut.

Alle drei intensiv erprobt

Die E 44 001, zunächst buchmäßig als E 44 70 bezeichnet, ging am 26. August 1930 beim Bw Magdeburg-Rothensee probeweise in Betrieb. Nach einem Zwischenspiel im Direktionsbezirk Breslau wechselte sie Mitte März 1931 zum Bw München Hbf, wo die am 10. Mai 1932 in den Bestand der DRG übernommene und am 16. Februar 1933 nach einer Probefahrt auf der Strecke München – Garmisch bahnamtlich endabgenommene Lok bis Ende 1933 beheimatet blieb. Ab 1. Januar 1934 gehörte sie zum Bestand des Bw Freilassing, das sie unter anderem auf der Strecke nach Berchtesgaden einsetzte.

Ebenfalls beim Bw Magdeburg-Rothensee begann am 22. Dezember 1930 der

Linke Seite der E 44 101 (um 1933).
FOTO: H. MAEY/SLG. ASMUS
Rechte Seite der E 44 101 (um 1933).
FOTO: H. MAEY/SLG. BORBE

Probebetrieb der in den Büchern vorläufig als E 44 80 geführten E 44 201, ab April 1931 testete die DRG auch diese Maschine auf der schlesischen Gebirgsbahn Görlitz–Hirschberg–Waldenburg(–Breslau Freiburger Bahnhof). Die amtliche Abnahme der E 44 201 dürfte nach dem Ankauf durch die Reichsbahn im Juli 1932 erfolgt sein, im Januar 1934 wurde sie vom Bw Hirschberg zum Bw Freilassing umstationiert.

Die Anfang April 1931 als dritte Probelok der DRG übergebene E 44 101 (buchmäßig E 44 90) kam schon nach zweimonatigem Einsatz in Schlesien zum Bw Freilassing, das sie hauptsächlich auf der Strecke nach Berchtesgaden erprobte. Wegen ihrer (abgesehen von der E-Bremse) hervorragenden Bewährung insbesondere auf der 40 Promille steilen Hallthurm-Rampe konnte sich die im Juli 1932 offiziell abgenommene Maschine dort für viele Jahre etablieren.

Erst nach dem Ankauf im Jahr 1932 verpasste die Reichsbahn den drei Prototypen, die zuvor ohne Betriebsnummern fuhren, Schilder mit den Nummern E 44 001, E 44 101 und E 44 201. Die amtlich „Stammnummern" genannten Baureihenbezeichnungen lauteten E 44^0, E 44^1 und E 44^2.

Hinsichtlich des Fahrzeugteils hatte im Probebetrieb am meisten die E 44 001 überzeugt. Sowohl in der Geraden als auch in Gleisbögen zeigte sie gute Laufeigenschaften. Zudem gab es an der bei ihr am konsequentesten angewandten Schweißtechnik nichts zu bemängeln. Deshalb übernahm man für die Serien-E 44 weitgehend den Fahrzeugteil der SSW-Probelok. Im elektrischen Teil jedoch wichen die Serienlokomotiven der „Bauart SSW" stark von ihr ab. Dieser basierte mehr auf der E 44 101, was im nächsten Kapitel verdeutlicht wird. Übrigens war die E 44 101 die letzte von den Maffei-Schwartzkopff-Werken elektrisch ausgerüstete Lokomotive. Aber zum Glück wurde die später als E 44 501 bezeichnete Maschine von der AEG weiter betreut, die dann den E-Teil für die E 44 102 bis 105 (bzw. E 44 502 bis 505) herstellte und komplett die E 44 106 bis 109 (bzw. E 44 506 bis 509) fertigte.

Ein glückloses Einzelstück blieb hingegen die E 44 201. Nach anfangs guten

144 001 ist am 2. Mai 1975 mit dem E 687 (Reutte in Tirol–Innsbruck) in Heiterwang-Plansee eingetroffen. FOTO: H. HUFSCHLÄGER

„Umwerflok": Nach der Ausmusterung diente die E 44 501 Hilfsmannschaften viele Jahre lang als Übungsgerät bei Aufgleisversuchen (Hamburg, 1968). FOTO: R. HAHMANN

Betriebserfahrungen in Schlesien wurde sie wegen diverser Mängel im Mechanteil und im E-Teil negativ beurteilt. Zu ihrem Misserfolg trug sicher auch bei, dass die Bergmann-Elektrizitäts-Werke im Jahr 1932 die Lokomotivsparte aufgaben und keine andere Firma die konstruktive Überarbeitung der Lok übernahm.

E 44 001 – zuverlässig erst nach Umbau

Allerdings drohte auch dem SSW-Prototyp wegen der ganz und gar nicht zufriedenstellenden Elektrik ein baldiges Aus. Schon während der Erprobung bereiteten Mängel im E-Teil der E 44 001 dem Betriebs- und Werkstattdienst Ärger. Der Darstellung von Walter Reichel (in der Zeitschrift „Elektrische Bahnen") zufolge wurden aus Gründen der Vereinheitlichung mit den anderen Elektrolokomotiven der DRG im April 1932 die Stromabnehmer mit dem „bewährten" Elektromotor-Antrieb gegen Einheitsstromabnehmer mit Druckluftantrieb ausgetauscht. Laut Werner Streil, der im AW München-Freimann und in Werkabteilungen mehrerer Bw noch mit der Instandhaltung von Altbau-Elloks befasst war, hatte sich der elektromotorische Antrieb jedoch wegen der im Winter oft ungenügenden Batteriekapazität als „praxisfremd" erwiesen.

Schon im September 1931 wurde der als Hochspannungs-Hauptschalter verwendete Ölschalter des WASSEG-Typs ELO 4 durch einen Expansionsschalter des von Siemens neu entwickelten Typs R 618 ersetzt. Später kam erneut der Ölschalter ELO 4 zum Einbau, im September 1942 schließlich der Einheits-Ölschalter des BBC-Typs BO.

Wie aus Walter Reichels Beitrag in „Elektrische Bahnen" klar hervorgeht, änderte man bereits vor 1933 die Zahnradgetriebe. Anlass dazu gab ein bei bestimmten Geschwindigkeiten aufgetretenes störendes Geräusch, verursacht durch Resonanz mit den Schienenstößen und der Federung der Großräder. Deshalb wurden die gefederten Zahnkränze durch fest aufgezogene Zahnkränze mit Schrägverzahnung ersetzt.

Vor allem aufgrund von Schäden am Trockentransformator und an der Schützensteuerung fiel die E 44 001 auch in den Folgejahren immer wieder monatelang aus, weshalb sie im Zeitraum bis 1938 nur zu etwa 20 Prozent verfügbar war. Ab 11. Februar 1938 blieb die Maschine für unbestimmte Dauer außer Betrieb, weil laut Einschätzung der RBD München schlicht „unbrauchbar". Am 11. November 1938 beantragte das der extremen Schadanfälligkeit ebenso überdrüssige RZA München beim Reichsverkehrsministerium (RVM) bzw. bei der inzwischen dem RVM einverleibten Reichsbahn-Hauptverwaltung den Umbau des elektrischen Teils. Im März 1939 rückte die E 44 001 zum Ausbau der nicht mehr benötigten Komponenten ins RAW München-Freimann ein. Ab 30. Mai 1939 führten die Siemens-Schuckertwerke in Berlin den Umbau durch, wobei sie die Lok so weit wie möglich den Serien-E 44 anglichen.

Ab Dezember 1956 war die E 44 001 beim Bw Garmisch-Partenkirchen beheimatet, wo sie am 18. Juli 1958 porträtiert wurde. FOTO: DR. BRÜNING

Statt des Trockentransformators gelangte der Öltrafo WBT 591 zum Einbau, statt der Schützensteuerung das Nockenschaltwerk ENW 7 mit Feinregler sowie je zwei Fahrmotoren zugeordnete elektropneumatische Richtungswender. Die Fahrmotoren wurden in Anlehnung an die Fahrmotoren der Serien-E 44 umgebaut.

Nach der erneuten Abnahme durch das RAW München-Freimann am 21. April 1940 kam die E 44 001 wieder zum Bw Freilassing. Nachdem beim Umbau auch die Druckluftbremse verstärkt worden war, setzte man die Höchstgeschwindigkeit der nun wesentlich intensiver eingesetzten Maschine von 80 auf 90 km/h herauf. Anfang November 1941 kehrte sie in ihr vormaliges Heimat-Bw München Hbf zurück. Vom 26. Oktober 1942 bis 2. Juni 1944 gehörte sie zum Bw Treuchtlingen, anschließend (abgesehen von einem Gastspiel beim Bw Bamberg im September 1944) gut zwölf Jahre lang wieder zum Bw München Hbf. Nachdem dort fabrikneue E 41 eingetroffen waren, wechselte die Lokomotive am 18. Dezember 1956 zum Bw Garmisch-Partenkirchen. Als Urahnin der Serien-E 44 ist die am 14. Mai 1978 z-gestellte und am 28. September 1978 ausgemusterte Maschine in den Museumsbestand der DB übernommen worden und bis heute erhalten.

E 44 101 – fast ohne Fehl und Tadel

Die MSW-Probelokomotive gilt gemeinhin nur als Prototyp zweier Kleinserien, aber in puncto des sehr gut gelungenen E-Teils ist sie auch als Prototyp der Großserie anzusehen. Werner Streil wies im Heft „Die Baureihe E 44^5" (KIRUBA Classic 1/2015) darauf hin, dass ihre elektrische Ausrüstung die Vorlage für die DRG-Elloks mit der sogenannten „Michel"-Schaltung war. Baurat Otto Michel war in der Gruppenverwaltung Bayern und ab 1933 beim RZA München für die Entwicklung elektrischer Lokomotiven zuständig. Aus der E 44 101 heraus entwickelte er die Steuerung für die Serien-E 44 sowie die E 93, E 04, E 18, E 19 und E 94 bis hin zur E 10 001. Noch nicht voll befriedigte die E 44 101 im Mechanteil, so traten aufgrund der harten Radsatzfederung wiederholt Motor- und andere Schäden auf. Die E 44 102 bis 109 erhielten deshalb eine weichere Federung. Konstruktiv geändert wurden unter anderem auch die Kupplung der Drehgestelle und die Achslager; siehe hierzu das Kapitel über die E 44^5.

Die E 44 101 blieb bis Ende August 1943 in Freilassing beheimatet. Außer auf der Strecke nach Berchtesgaden verkehrte sie auch zwischen Salzburg und München. Infolge eines im Februar 1936 in München-Pasing erlittenen Aufstoßschadens weilte die Lok mehrere Monate im RAW Freimann. Nachdem klar war, dass die Stückzahl der E 44 „Bauart SSW" bald 100 überschreiten würde, verfügte die Reichsbahn im Jahr 1938 die Umzeichnung in E 44 501 (und natürlich auch die der E 44 102 ff. in E 44 502 ff.). Die Baureihenbezeichnung änderte sich von E 44^1 in E 44^5. Als auf der Berchtesgadener Strecke E 44 mit elektrischer Widerstandsbremse zum Einsatz ka-

Kenndaten der Probelokomotiven E 44 001, 101 und 201

	E 44 001	E 44 101	E 44 201
Betriebsnumer ab 1938		E 44 501	E 44 2001
Hersteller E-Teil/Mechanteil	SSW/Wismar	MSW/BMAG	BEW/BMAG
Achsanordnung	Bo'Bo'	Bo'Bo'	Bo'Bo'
Höchstgeschwindigkeit	80 km/h	80 km/h	80 km/h
Stundenleistung	1640 kW bei 44 km/h*)	1600 kW bei 70 km/h	2200 kW bei 50 km/h
Dauerleistung	1400 kW bei 48 km/h*)	1440 kW bei 73 km/h	1760 kW bei 56 km/h
Anfahrzugkraft	196 kN	216 kN	255 kN
Treibraddurchmesser (neu)	1250 mm	1250 mm	1250 mm
Länge über Puffer	14530 mm	13150 mm	13500 mm
Gesamtachsstand	9800 mm	8750 mm	9200 mm
Drehgestellachsstand	3500 mm*)	3050 mm*)	3300 mm*)
Drehzapfenabstand	6300 mm*)	5700 mm*)	5750 mm*)
Dienstgewicht = Reibungsgewicht	79,5 t*)	79,2 t	82,5 t
maximale Radsatzlast	19,9 t	19,8 t	22,3 t
Transformator Bauart	TF*)	OFA	TF
Dauerleistung	1460 kVA*)	1750 kVA	2000 kVA
Fahrmotoren Anzahl	4	4	4
Typ/Polzahl	WBM 380/8-polig	RW 160/10-polig	10-polig
größte Spannung	639 V	434 V	400 V
Art des Antriebs	Tatzlager	Tatzlager	Tatzlager
Übersetzung des Zahnradgetriebes	17:84	19:80	30:97
Bremse	Kzbr	Kzbr	Kzbr
Beschaffungspreis (Reichsmark)	290000 RM	291215 RM	275000 RM

Abweichende Daten für E 44 001 nach Umbau 1939/40:

Höchstgeschwindigkeit	90 km/h
Stundenleistung	2120 kW bei 83,5 km/h
Dauerleistung	1830 kW bei 90 km/h
Dienstgewicht	79,2 t
maximale Radsatzlast	19,8 t
Transformator	Bauart OFA
Trafo-Dauerleistung	2070 kVA**)

Anmerkungen:

*) Angaben nach Werner Streil und Dr. Georg Lotter (insbesondere für E 44 001 vor Umbau, da im DRB-Merkbuch von 1941 für Lok nach Umbau)

**) laut DRB-Merkbuch von 1941 nur 1450 kVA; jedoch für den typengleichen Trafo bei E 44 103 bis 125 mit 2070 kVA angegeben

Ansonsten: laut Merkbuch für die Fahrzeuge der Reichsbahn, Elektrische Lokomotiven, Elektrische Trieb-, Steuer- und Beiwagen, Ausgabe 1941 (DV 939 c)

Abkürzungen für Trafo und Bremse:

TF = Trockenumspanner mit Fremdlüftung
OFA = Ölumspanner mit Ölumlauf und äußerer Fremdlüftung
Kzbr = Knorr-Bremse mit Zusatzbremse

men, wechselte die E 44 501 am 1. September 1943 zum Bw München Ost, sie kehrte aber am 26. November 1944 zum Bw Freilassing zurück, wo sie am 1. Juli 1958 nach rund einer Million Laufkilometern aus dem Dienst schied. Aufgrund ihres von den übrigen E 44[5] abweichenden elektrischen Teils (vor allem der mittlerweile störanfälligen Fahrmotoren) war sie unwirtschaftlich geworden.

Nach der am 8. November 1960 erfolgten Ausmusterung diente die E 44 501 als „Übungsgerät" zunächst Lehrzwecken beim Bw Hagen-Eckesey, dann ab 1969 im bundesweit eingesetzten Lehrhilfszug des Bw Hamm als „Umwerflok" genanntes Aufgleisversuchsgerät (Dienstwagennr. 60125). Im Herbst 1982 wurde die Lokomotive, ungeachtet ihres historischen Werts, leider zerlegt.

Die BEW-Lokomotive E 44 201 fuhr während des rund dreimonatigen Probebetriebs beim Bahnbetriebswerk Magdeburg-Rothensee insgesamt 17234 km, davon 7676 km allein im Februar 1931. Sehr respektable Leistungen erzielte sie bei den ab April 1931 folgenden Probeeinsätzen im Direktionsbezirk Breslau. So beförderte sie im Mai 1931 zwischen Breslau und Königszelt (8,9 ‰ Steigung) problemlos einen 1850-t-Zug. Weder die Fahrmotoren noch der Haupttransformator wurden durch häufiges Anfahren unzulässig erwärmt. Zwischen Königszelt und Dittersbach (20 ‰) schleppte die Lokomotive 576 Tonnen (die Grenzlast für die Baureihe E 75 betrug hier 510 t), zwischen Dittersbach und Görlitz (10 ‰) zog sie 900 Tonnen (hier die gleiche Last wie die E 75).

E 44 201 – früh ausgemustert

Ingesamt brachte es die Lok in Schlesien bis Oktober 1933 auf eine Laufleistung von 173000 km (diese Angabe laut Werner Streil). Beim Bw Hirschberg erzielte die nunmehrige E 44 201 im Juli 1933 mit 8267 km auch ihre höchste Monatslaufleistung. Im Januar 1934 kam sie zum Bw Freilassing, das sie zusammen mit den E 44[1] (und der wie erwähnt sehr schadanfälligen E 44 001) auf der Strecke nach Berchtesgaden verwendete. Wenn, wie es in mehreren Quellen fast wortgleich heißt, bei den Versuchsfahrten in Schlesien „kleinere Mängel bei einigen Bauteilen" auftraten, so zeigten sich nun umso deutlicher konstruktive Schwächen der in sehr kurzer Zeit – vier Monate für den Fahrzeugteil, sechs Monate für den E-Teil – gefertigten Probelok (die mit einem Beschaffungspreis von 275000 Reichsmark auch die billigste war). Die ungleiche Gewichtsverteilung mit 21,0 t, 20,7 t, 18,5 t und 22,3 t auf die erste bis vierte Achse wirkte sich ungünstig auf die Laufeigenschaften aus. Bei Bergfahrten erwärmte sich der Haupttransformator zu stark – nun also doch (!), sei dieser weit verbreiteten Darstellung hinzugefügt; war der Trafo speziell auf der 40 Promille steilen „Hallthurm-Rampe" überfordert? Der 1938 von der AEG vorgenommene Umbau des Trafos soll nicht den gewünschten Erfolg gebracht haben. Auch die neuartige Feinstellersteuerung bewährte sich offenbar nicht, sie wurde durch die handbetätigte Einheits-Feinstellersteuerung der Reichsbahn ersetzt.

Bis Anfang 1943 summierte sich die Laufleistung der 1938 in E 44 2001 umgezeichneten Maschine auf 303000 km, es waren also seit Oktober 1933 nur noch 130000 km hinzugekommen. Von Mai 1939 bis Mai 1941 war die Lok beim Bw München Hbf stationiert, danach wieder beim Bw Freilassing, das sie schließlich fast nur noch im Rangierdienst einsetzte. Im August 1943 wurde die in Freilassing verzichtbare Einzelgängerin zwecks Revision ins RAW Freimann überführt, dann ab 3. September 1943 beim Bw München Ost stationiert und dort ebenfalls im Rangierdienst verwendet. Im Jahr 1944 bekam die E 44 2001 nochmals eine Hauptuntersuchung, wurde aber im Februar 1945 beschädigt abgestellt und 1949 ausgemustert. ■

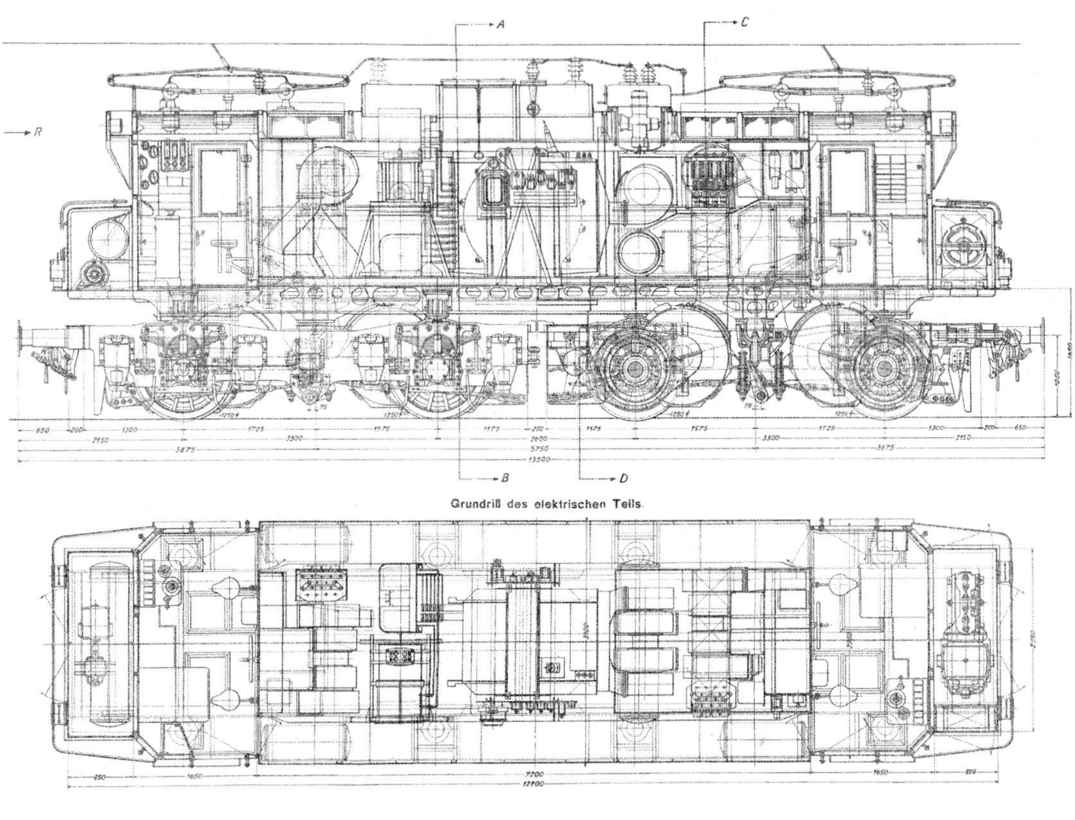

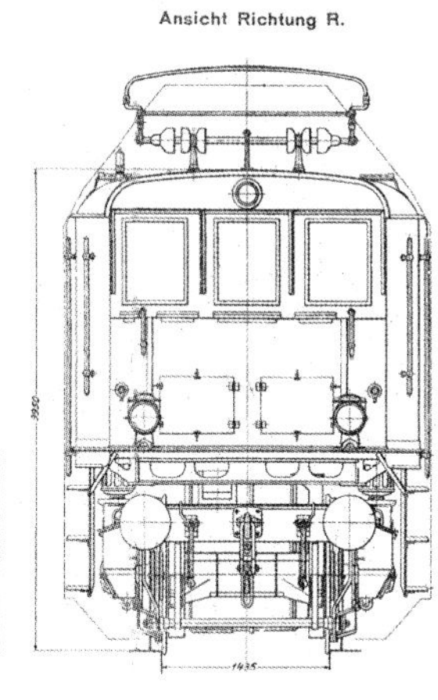

E 44 201 (E 44 2001): Schnitte und Frontansicht. Zeichnung: Slg. Hufschläger

Ganz oben: Die spätere E 44 201 (ab 1938: E 44 2001) vor dem Beginn der Versuchsfahrten. Werkfoto: Slg. Hufschläger

Innovatives Multitalent

Im Mechanteil entsprachen die Serien-E 44 weitgehend der E 44 001 von Siemens. Die Konzeption des elektrischen Teils wurde überarbeitet. Wesentliche Baugruppen wurden vom MSW-Prototyp E 44 101 übernommen

E 44 068: Aufsetzen mit angehobenen Drehgestellen (1937).
WERKFOTO KRAUSS-MAFFEI/ SLG. HUFSCHLÄGER

Bereits nach kurzer Betriebszeit der drei Prototypen bestellte das Reichsbahn-Zentralamt München (damals noch Zentrales Maschinen- und Bauamt der Gruppenverwaltung Bayern) im Dezember 1931 für die zu elektrifizierende Strecke Augsburg – Stuttgart die ersten 20 Serien-E 44 der Bauart SSW. Freilich stimmten die Serienlokomotiven nur im von der Firma Henschel & Sohn ausgeführten Mechanteil weitgehend mit der SSW-Probelok E 44 001 überein. Die Konzeption des elektrischen Teils überarbeiteten die Siemens-Schuckertwerke in wesentlichen Baugruppen eher dem MSW-Prototyp E 44 101 entsprechend, weshalb die Bauartbezeichnung „SSW" insofern etwas irreführend ist.

Das Betriebsprogramm sah vor:

- Höchstgeschwindigkeit 80 km/h
- Anhängelast von Güterzügen auf 10 ‰ Steigung dauernd 900 t, bis 5 ‰ Steigung dauernd 1200 t
- Anhängelast von Personenzügen auf allen Strecken dauernd bis zu 700 t
- Stundenleistung 2180 kW bei 73 km/h
- Dauerleistung 1840 kW bei 80 km/h.

Kenndaten der Serien-E 44

	E 44 002–151 E 44 184–187	E 44 152^{W}–183^{W}
Achsanordnung	Bo'Bo'	Bo'Bo'
Höchstgeschwindigkeit	90 km/h	90 km/h
Stundenleistung	2200 kW bei 76 km/h	2200 kW bei 76 km/h
Dauerleistung	1860 kW bei 86 km/h	1860 kW bei 86 km/h
Anfahrzugkraft	196 kN	196 kN
Stundenzugkraft	104 kN	104 kN
Dauerzugkraft	78 kN	78 kN
Treibraddurchmesser (neu)	1250 mm	1250 mm
Länge über Puffer	15290 mm	15290 mm
Gesamtachsstand	9800 mm	9800 mm
Drehgestellachsstand	3500 mm	3500 mm
Drehzapfenabstand	6300 mm	6300 mm
Dienstgewicht = Reibungsgewicht	78,0 t *)	80,0 t
Transformator Bauart/Typ	OFA/WBT 590 **)	OFA/WBT 655 al
Dauerleistung	1450 kVA **)	2000 kVA
Fahrmotoren Anzahl	4	4
Typ/Polzahl	WBM 380 A/8-polig	WBM 380 A/8-polig
größte Spannung	638 V	638 V
Art des Antriebs	Tatzlager	Tatzlager
Übersetzung des Zahnradgetriebes	18:83	18:83
Druckluftbremse	Kzbr	Kzbr
elektrische Bremse	–	FWW
Leistung	–	370 kW
durchschnittlicher Beschaffungspreis	289000 Reichsmark	

Anmerkungen:
*) Dienstgewicht der E 44 002–021: 76,8 t
**) E 44 082 mit WBT 590 al: 1950 kVA; E 44 103–125 mit WBT 591: 2070 kVA; ab E 44 126 mit WBT 655 al: 2000 kVA

Quelle: Merkbuch für die Fahrzeuge der Reichsbahn – Elektrische Lokomotiven, Elektrische Trieb-, Steuer- und Beiwagen, Ausgabe 1941 (DV 939 c)
Gewichtsangaben für E 44 002–021 und E 44 152^{W}–183^{W} laut Werner Streil
Leistungsangabe für Trafo WBT 655 al laut Merkbuch für die Schienenfahrzeuge der DB, Ausgabe 1961 (DV 939 b)
Angabe von Stunden- und Dauerzugkraft sowie Leistungsangabe der Widerstandsbremse laut Bäzold/Fiebig, Deutsches Lokomotivarchiv Elektrische Lokomotiven, 1992

Abkürzungen für Trafo und Bremsen:
OFA = Ölumspanner mit Ölumlauf und äußerer Fremdlüftung
Kzbr = Knorr-Bremse mit Zusatzbremse
FWW = Fahrleitungsabhängige (fremderregte) Wechselstrom-Widerstandsbremse

Ab der im Juli 1935 gelieferten E 44 040 wurden die Loks von Anfang an für 90 km/h zugelassen, was lediglich eine verstärkte Bremse erforderte. Im Jahr 1938 genehmigte das Reichsverkehrsministerium auch für die E 44 002 bis 039 die Anhebung der Höchstgeschwindigkeit auf 90 km/h. Somit ließen sich die Bo'Bo'-Lokomotiven noch universeller verwenden, insbesondere auch im Eilzugdienst. Laut Reichsbahn-Merkbuch (DV 939 c) von 1941 konnten sie mit 90 km/h Höchstgeschwindigkeit in der Ebene bis zu 1140 Tonnen befördern, auf 5 ‰ Steigung noch 590 Tonnen und auf 10 ‰ Steigung noch 380 Tonnen. Als höchstes Wagengewicht nannte das nicht nach Zuggattungen differenzierende Merkbuch 2000 Tonnen, die in der Ebene noch mit bis zu 75 km/h zu befördern waren. Alle Werte sind der auf Seite 36 abgedruckten Leistungstafel zu entnehmen.

Die ersten 20 Serienloks kamen von Februar bis September 1933 als E 44 002 bis 021 zur Auslieferung. Damit begann die Geschichte der erfolgreichsten Elloktype der DRG bzw. der ab Februar 1937 direkt unter Reichshoheit gestellten Deutschen Reichsbahn. Einschließlich der sieben erst nach dem Krieg vollendeten Exemplare und der vier Nachbauten für die Deutsche Bundesbahn wurden 186 Serien-E 44 beschafft. Den E-Teil aller Lokomotiven fertigten die Siemens-Schuckertwerke in Berlin. Den Fahrzeugteil bauten neben Henschel & Sohn in Kassel (103 Einheiten) auch Krauss-Maffei in München-Allach (76) und die Wiener Lokomotivfabrik Floridsdorf (WLF, 7 Einheiten).

Von Juli 1934 bis Juni 1939 lieferten Krauss-Maffei/SSW die E 44 022 bis 092 aus. Sie waren u.a. für den Einsatz auf den neu elektrifizierten Strecken Augsburg–Nürnberg und Plochingen–Tübingen bestimmt, wurden aber auch für das erweiterte mitteldeutsche Netz und als Ersatz für alte preußische Maschinen in Schlesien benötigt. Die 1939/40 gelieferten E 44 093 bis 106 von Henschel/SSW und E 44 107 bis 111 von Krauss-Maffei/SSW beschaffte die Reichsbahn hauptsächlich wegen der Ausweitung des elektrischen Zugbetriebs von Nürnberg bis Saalfeld und im Hinblick auf die geplante Fortführung des Fahrdrahts bis Berlin.

Insgesamt 186 Serien-E 44

Nachdem mit der „Heimstofflokomotive" E 44 082 die Verwendung von Ersatzwerkstoffen wie z.B. Aluminium statt Kupfer erfolgreich demonstriert worden war, ließ die DRB weitere E 44 als Kriegselektrolokomotiven „KEL 1" bauen. Ab 1941 lieferten Henschel/SSW die E 44 112 bis 118 und WLF/SSW die E 44 119 bis 125. Die ab 1942 durchweg von Henschel/SSW hergestellten „KEL 1" ab E 44 126 entstanden weitestgehend mit inländischen Werkstoffen, die Wicklungen ihrer Transformatoren und Motoren wurden komplett aus Aluminium gefertigt.

Von den 60 im Herbst 1941 in Auftrag gegebenen Maschinen (E 44 152 bis 211) sollten 40 für den geplanten Einsatz auf der Arlberg- und Brennerbahn, schlesischen Gebirgsstrecken sowie zwischen Freilassing und Berchtesgaden eine elektrische Widerstandsbremse erhalten, auf den Nummernschildern durch den Zusatz „W" kenntlich gemacht. Bis Kriegsende wurden jedoch nur die E 44 152^{W} bis 175^{W} sowie die E 44 178^{W} fertiggestellt und alle süddeutschen Bahnbetriebswerken zugewiesen (die zur Abnahme im RAW Dessau befindliche E 44 178^{W} allerdings dem Bw München Hbf nur auf dem Papier, desgleichen wohl auch die vor ihrer Abnahme oder unmittelbar danach ausmusterungsreif beschädigte E 44 173^{W}).

Von Dezember 1945 bis März 1947 erhielt die DR (West) die bei Kriegsende weitgehend vollendeten E 44 176^{W}, E 44 177^{W}, E 44 179^{W} und E 44 180^{W}. Ihnen folgten 1950/51 für die Deutsche Bundesbahn die E 44 181^{W} bis 183^{W}, die mit dem Fahrzeugteil von Henschel und der elektrischen Ausrüstung von SSW im Münchner Krauss-Maffei-Werk endmontiert wurden. In Anbetracht noch vorhandener Großteile bestellte die DB im September 1953 bei Henschel/SSW vier Nachbau-E 44, geliefert 1954/55 ohne E-Bremse, aber als für direkte Wendezugsteuerung ausgerüstete E 44 184^{G} bis 187^{G} (das „G" stand für „Geschobener Zug").

Zwei weitere E 44 der DB entstanden 1963 und 1965 durch Umbau der 50-Hertz-

Loks E 244 11 und 22 in die E 44 188 und 189 für 15 kV 16 2/3 Hz. Im elektrischen Teil und trotz im Grundaufbau gleichem Mechanteil wichen beide Loks auch äußerlich signifikant von den Serien-E 44 ab.

Konstruktive Merkmale

Nach nur kurzer Erprobung der E 44 001 erschien es gewagt, die erstmals beim gesamten Fahrzeugteil angewandte Schweißtechnik sogleich für Serienlokomotiven zu übernehmen und insbesondere deren Brücken- und Drehgestellrahmen ebenfalls vollständig zu schweißen. Doch die Betriebserfahrungen mit den E 44 002 bis 021 zerstreuten die Bedenken. Nach Auslieferung von hundert Serien-E 44 resümierte Otto Michel, Abteilungspräsident beim RZA München, in einem Beitrag für die Zeitschrift „Elektrische Bahnen" (Heft 6/1940): „Sämtliche Wagenteile der E 44-Lokomotiven wurden daher auf Grund der günstigen Betriebsergebnisse in der Schweißbauart hergestellt, und es muss besonders hervorgehoben werden, dass an der Ausführung der Schweißkonstruktion selbst gegenüber der ersten Lokomotive praktisch keine Veränderung vorgenommen wurde."

Der Lokkasten mit auf dem geschweißten Kastengerippe aufgenieteten Bekleidungsblechen entsprach in seinem Grundaufbau der E 44 001. Im Unterschied zu dieser erhielt er aber einen analog zur E 75 ausgeführten Dachschirm (auf beiden Stirnseiten vorgezogene Dachenden). Das erhöhte Mittelteil des Daches ließ sich abnehmen, um den Haupttransformator und die Hauptschaltapparate leicht ausbauen zu können. Die beiden Lüftersätze und die Ölkühler konnten durch Klappen in der Seitenwand herausgenommen werden.

Wesentlich anders als bei der E 44 001 (die übrigens auch nach ihrem Umbau zwei Maschinenraumgänge behielt) gestaltete man den Maschinenraum. Statt zweier Durchgänge bekam er nur einen Durchgang an der rechten Fahrzeugseite und die Ausrüstungsgegenstände wurden einseitig angeordnet. Maßgebend für diese Änderung war die Kühlluftführung und die bei der einseitigen Anordnung infolge des Platzgewinns bessere Zugänglichkeit aller Teile. Die Kühlluft für den Transformator und die Fahrmotoren wurde in der Regel nur von außen angesaugt und (nach dem Vorbild der MSW-Probelok E 44 101 bzw. 501) in geschlossenen Kanälen den Lüftern zugeführt. Für die Jalousien verwendete man die neue Bauart „Schweiger", die Feuchtigkeit und Flugschnee weitestgehend zurückhielt. Um das Eindringen in den Maschinenraum zu verhindern, waren hinter den Lüftungsgittern noch Lufträume

Drehgestelle für die Serien-E 44 bei der Montage. Aufgenommen im Jahr 1934 bei Krauss-Maffei in München-Allach.

Schweißarbeiten am Drehgestellrahmen.

Geschweißter Lokrahmen einer E 44 (Januar 1934).
WERKFOTOS KRAUSS-MAFFEI/ SLG. HUFSCHLÄGER (3)

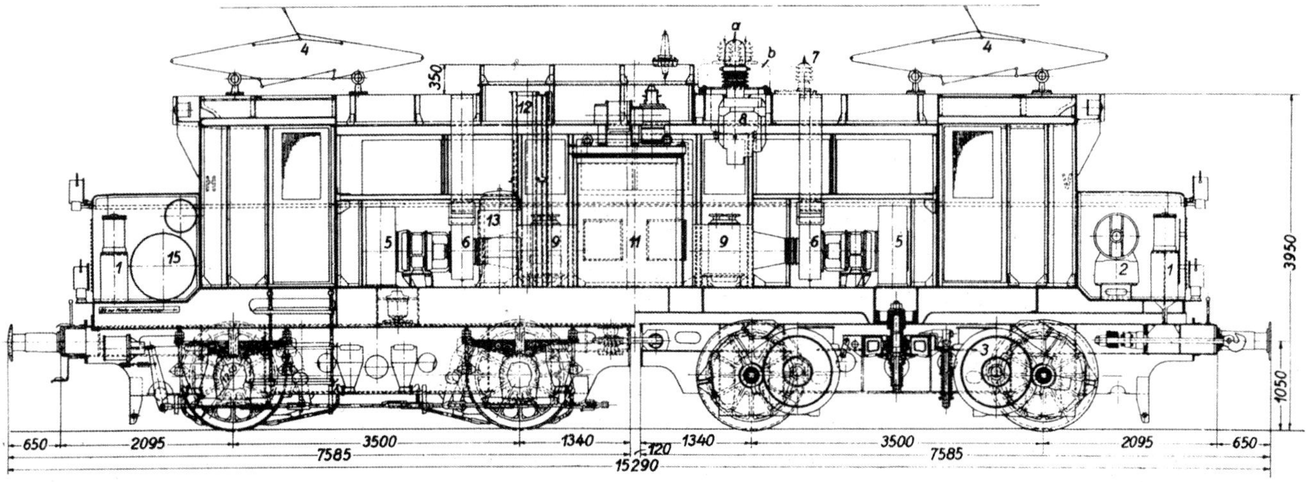

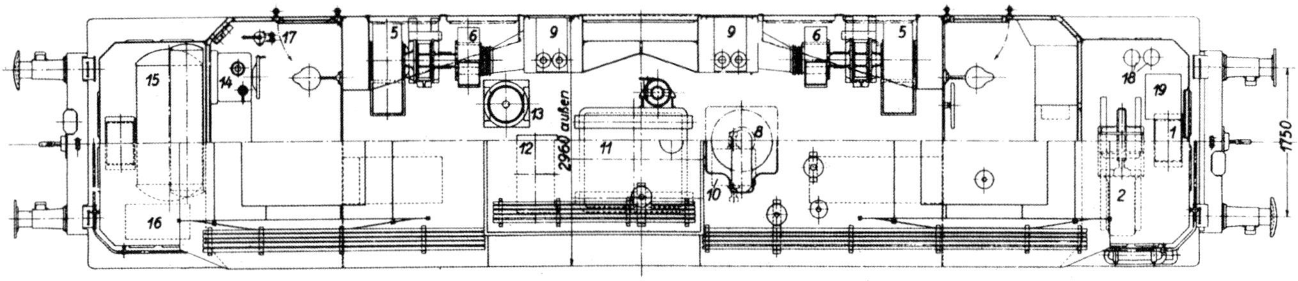

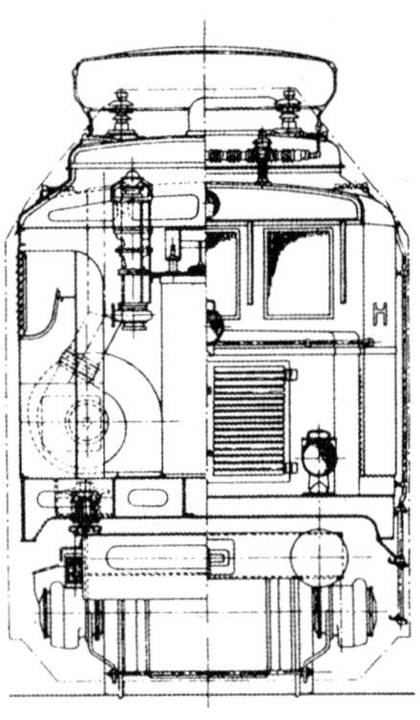

1 Achsdruckausgleichvorrichtung
2 Motorluftpumpe
3 Tatzenmotor
4 Stromabnehmer
5 Motorlüfter
6 Transformatorlüfter
7 Spannungswandler
8 Hauptschalter
9 Ölkühler
10 Richtungswandler
11 Transformator
12 Nockenschaltwerk
13 Feinregler
14 hinterer Fahrschalter
15 Luftbehälter
16 Batterie
17 Führerbremsventil
18 Sauger
19 Geräteschrank

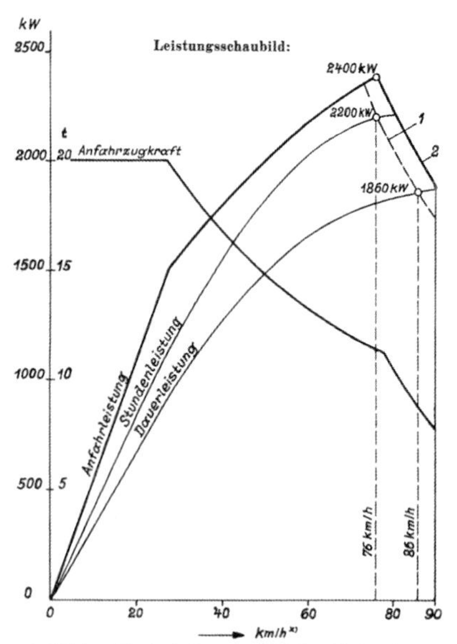

Oben: Schnittzeichnungen der Baureihe E 44 (Serienausführung ohne Widerstandsbremse). ZEICHNUNGEN: RZA MÜNCHEN/SLG. BÄZOLD

Rechts Mitte: Leistungsschaubild der E 44 aus der amtlichen Beschreibung (Ausgabe 1943). ABB.: SLG. RITZ

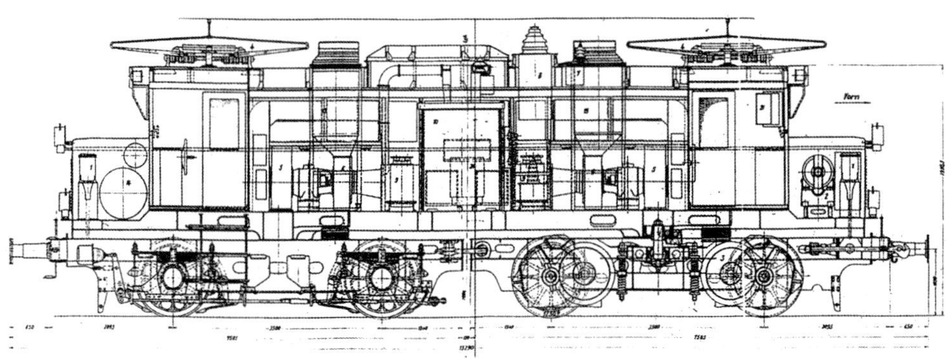

Längsschnitt der E 44 mit Widerstandsbremse: Die Dachausrüstung beanspruchte mehr Platz, die Stromabnehmer wurden deshalb weiter zum Dachende hin angeordnet. ZEICHNUNG: HENSCHEL/SLG. HUFSCHLÄGER

Oben links: Transformator WBT 590 mit Ölpumpensatz (E 44 002 bis 081 und E 44 083 bis 102 wurden mit diesem Transformator geliefert).

Oben rechts: Rückansicht des Nockenschaltwerks ENW 5 mit paarweise links und rechts der Nockenschalter angeordneten Schaltkontakten (ohne Hilfskontakte).

Radsatz mit Motor WBM 380 A. Mit diesem Fahrmotor wurden alle Serien-E 44 ausgestattet.
Werkfotos Siemens/Slg. Asmus (3)

angeordnet, in denen die angesaugte Luft Reste von Feuchtigkeit und Schnee ablagern konnte. Durch Öffnen von Klappen an den Luftschächten war es aber möglich, Kühlluft auch aus dem Maschinenraum anzusaugen, wovon man vor allem im Winter Gebrauch machte. Die Fenster im Durchgang waren verschiebbar, die Fenster auf der Luftkanalseite fest ausgeführt.

Der vordere Vorbau enthielt die Motorluftpumpe zur Drucklufterzeugung, der hintere Vorbau Luftbehälter und die Lichtbatterie. In beiden Vorbauten befand sich eine Achsdruckausgleichvorrichtung, die es ermöglichte, die beim Anfahren durch die Zugkraft bewirkte Entlastung der Achsen des vorauslaufenden Drehgestells mittels Druckluft auszugleichen. Übernommen hatte man den pneumatischen Achsdruckausgleich von der Probelok E 44 101, die E 44 001 bekam ihn nachträglich.

Bei den aus 20 mm starken Flussstahlblechen hergestellten Drehgestellrahmen galt das Augenmerk der Konstrukteure insbesondere der Ausbildung der Stirnpartie. Weil im Betriebsalltag immer mit mehr oder weniger starken Stoßbeanspruchungen zu rechnen war, wurde auf den Drehgestellrahmen eine besondere Pufferbohle aufgeschraubt, die durch Stöße auftretende Formänderungen möglichst von den dahinter liegenden Schweißverbindungen fernhalten sollte. Bei Beschädigungen konnte sie leicht abmontiert und in Ordnung gebracht oder ersetzt werden. Bedingt durch die Ausrüstung mit dieser Pufferbohle wuchs die Loklänge über Puffer von 14 530 mm bei der E 44 001 auf 15 290 mm bei den Serien-E 44 an. Da es aber gleichwohl recht häufig zu Aufstoßschäden an den Drehgestellrahmen kam, verfügte die DRB im April 1941 den Austausch der Hülsenpuffer mit Kegelfedern gegen besser stoßverzehrende Hülsenpuffer mit Ringfedern („Rei-

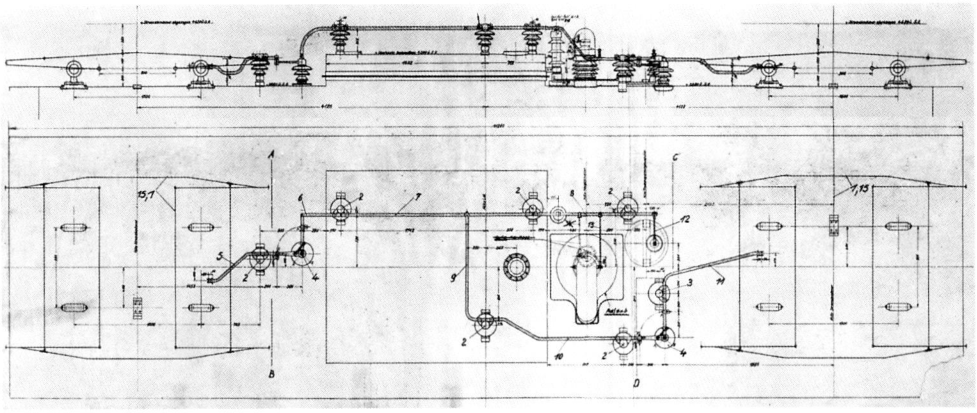

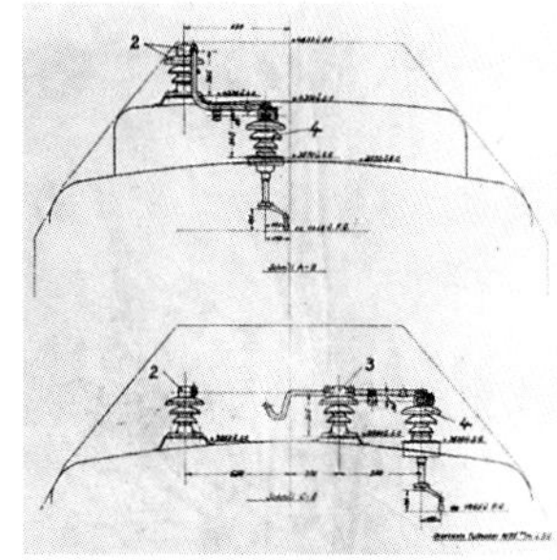

Dachanordnung E 44 002 bis 009 und E 44 024 bis 102 (SBS 10 und Schalter R 618).

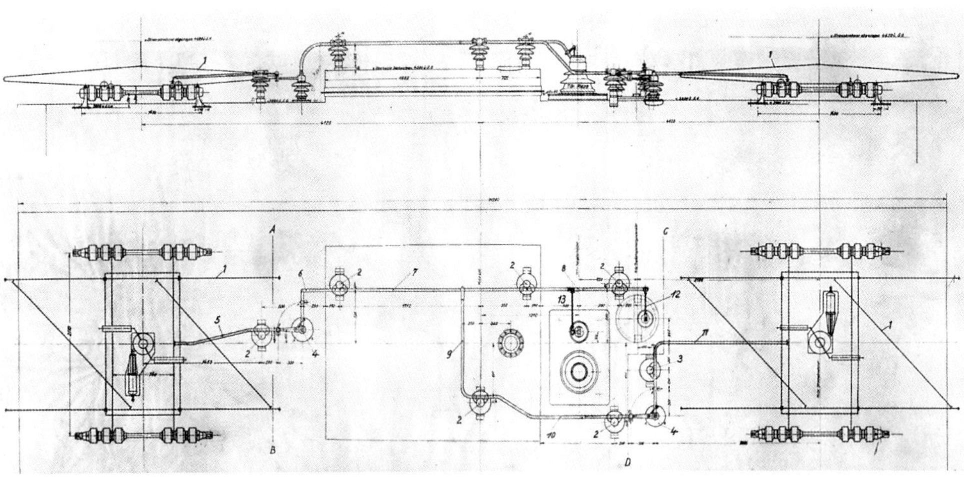

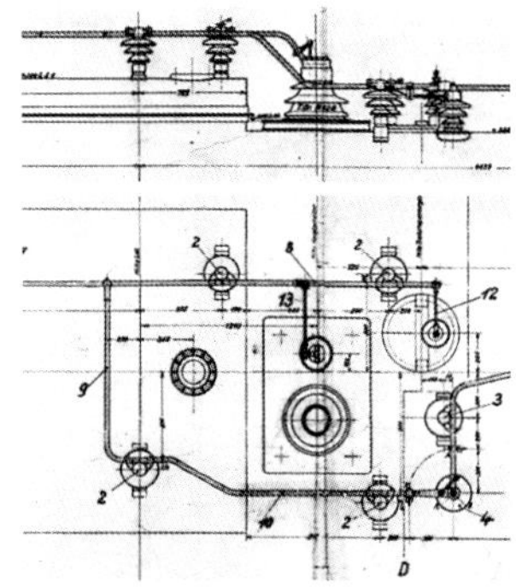

Oben: E 44 103 bis 111 besaßen SBS 10, aber Expansionsschalter R 628.
Links: E 44 112 bis 125 (SBS 39).

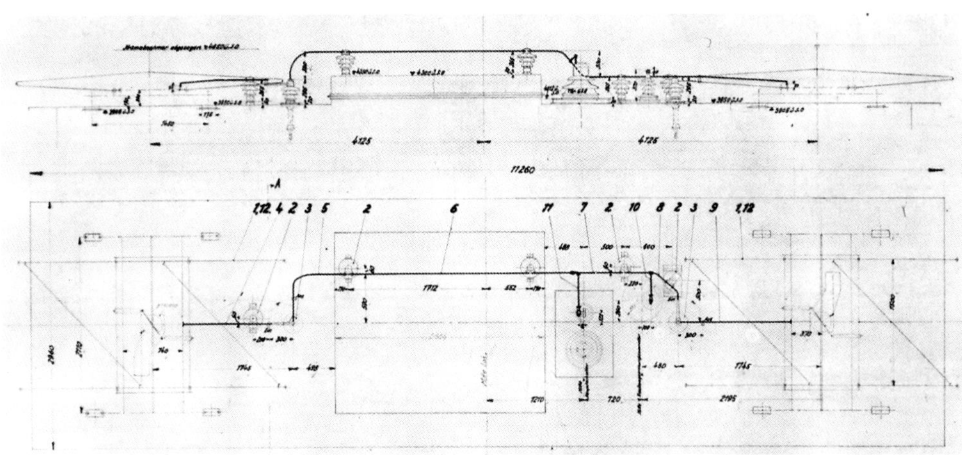

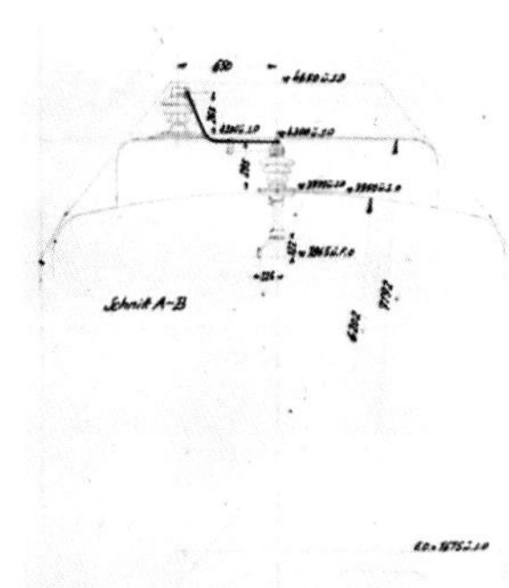

E 44 126 bis 151 hatten SBS 39 und Schalter R 628, aber eine vereinfachte Leitungsführung.

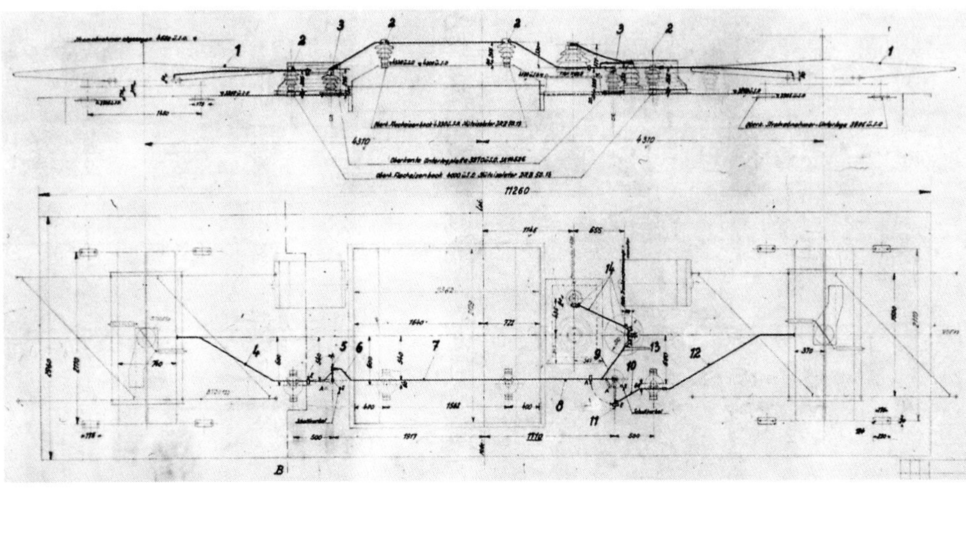

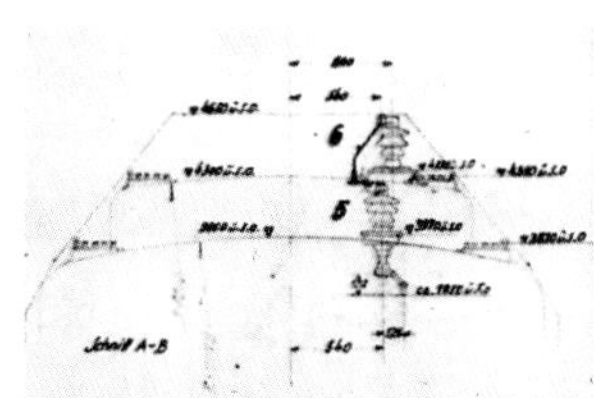

Dachanordnung der E 44 mit Widerstandsbremse (E 44 152[W] bis 183[W]).

Alle Zeichnungen: Slg. Richter

bungspuffer Bauart Uerdingen"). Diesen Tausch nahm man bei E 44 002 bis 150 sowie auch bei der E 44 001 vor, die folgenden E 44 bekamen die ringgefederten Puffer ab Werk.

Die Zug- und Stoßkräfte von dem einen auf das andere Drehgestell wurden durch eine dreieckförmige starre Kupplung übertragen. Die Dreieckkuppelstange lag in Zughakenhöhe, so dass die Kraftübertragung zwischen den Drehgestellen unmittelbar stattfand, also ohne Einbeziehen des Brückenrahmens und Lokkastens. Beide Drehzapfenlager bzw. deren Gehäuse waren seitenbeweglich. Die zusätzliche Längsbeweglichkeit des jeweils hinteren Drehzapfenlagers ermöglichte eine zwangsfreie Einstellung der Lokomotive in Kurven. Der Brückenrahmen stützte sich mit in Federtöpfen geführten Wickelfedern auf die Drehgestellrahmen ab, ohne die Drehzapfen zu beanspruchen. Als Achslager dienten Gleitlager mit Isothermos-Schleuderschmierung.

Die vier Fahrmotoren in geschweißten Gehäusen ruhten auf der einen Seite über Spiralfedern an Querversteifungen der Drehgestellrahmen, auf der anderen Seite ungefedert in Tatzlagern auf der Achse. Der Antrieb erfolgte wie bei der E 44 001 beidseitig. Jedoch waren Fahrmotorritzel und das auf der Treibradnabe sitzende Großrad nicht gerade, sondern wie schon bei der E 44 101 schräg miteinander verzahnt; das Übersetzungsverhältnis betrug 18 : 83.

Stark überarbeiteter E-Teil

Die E 44 002 bis 111 wurden mit Scherenstromabnehmern der Bauart SBS 10 geliefert. Die Loks ab E 44 112 erhielten ab Werk solche der Bauart SBS 39 mit Drehisolator und entsprechend kürzeren Dachlaufstegen. Zum Aufrichten und Anlegen an den Fahrdraht diente ein Druckluftzylinder, dessen Kolben eine Hubfeder spannte, die den üblicherweise ca. 5 kg betragenden Anpressdruck des Schleifstücks am Fahrdraht bewirkte. Der SBS 10 besaß anfangs Aluminiumschleifleisten bei 2100 mm Wippenbreite. Der SBS 39 hatte 2100 mm oder 1950 mm breite Wippen mit Kohleschleifstücken. Die 1950 mm breite „Reichswippe" wurde ab 1939 auf Stromabnehmern süddeutscher E 44 montiert, um auch österreichische Strecken befahren zu können. Die Lokomotiven im schlesischen und mitteldeutschen Netz behielten zunächst wegen des dort noch nicht auf den Reichsstandard von +/- 400 mm umgebauten Fahrleitungs-Zickzacks die Pantographen der Bauart SBS 10 oder SBS 39 mit 2100 mm Wippenbreite. Weil die Aluminiumschleifleisten den Rundfunkempfang störten, ersetzte man diese ab 1936 im schlesischen Netz und ab 1940 generell durch Kohleschleifstücke.

An die durchgehende Hochspannungs-Dachleitung war ab der E 44 010 ein auf dem Dach montierter Oberspannungswandler angeschlossen. Die E 44 002 bis 009 wurden damit nachgerüstet, 1939/40 auch die weitgehend den Serienloks angeglichene E 44 001. Als Hauptschalter war auf den für die RBD Stuttgart bestimmten E 44 010 bis 023 noch der Einheits-Ölschalter Bauart BBC Typ BO montiert. Die E 44 002 bis 009 sowie E 44 024 bis 102 erhielten den von der Firma SSW entwickelten Expansionsschalter Typ R 618. Ende der 1930er Jahre brachten die Siemens-Schuckertwerke den weiterentwickelten Typ R 628 heraus, den die E 44 103 bis 183^{W} bekamen. Auf den von der DB nachbeschafften E 44 184^{G} bis 187^{G} wurde der nochmals weiterentwickelte Expansionsschalter R 638 angebracht.

Berücksichtigt man unterschiedliche Leitungsführungen, so ergaben sich sieben Versionen der Dachausrüstung. Hier ein Überblick:

- E 44 002–009 und E 44 024–102: Stromabnehmer Bauart SBS 10 und Schalter R 618
- E 44 010–023: SBS 10 und BBC BO
- E 44 103 –111: SBS 10 und R 628
- E 44 112–125: SBS 39 und R 628
- E 44 126–151: SBS 39 und R 628 mit vereinfachter Leitungsführung
- E 44 152^{W}–183^{W} (Loks mit Widerstandsbremse): SBS 39 und R 628
- E 44 184^{G}–187^{G}: SBS 39 und R 638 mit diagonaler Hochspannungsleitung.

Mit dem Typ R 638 endete die Entwicklung der Expansionsschalter. Die durch Umbau der E 244 11 und 21 entstandenen E 44 188 und 189 erhielten den Druckluftschnellschalter der Bauart

Blick auf das Dach der Serie E 44 010 bis 021. Bis einschließlich E 44 111 wurden die Serien-E 44 mit Stromabnehmern der Bauart SBS 10 geliefert. Werkfoto Siemens/Slg. Richter

Im Maschinenraum der E 44 002 bis 021: Nockenschaltwerk ENW 3 mit Feinregler. Rechts Mitte: Die Serien-E 44 besaßen im Maschinenraum nur einen Gang.

Rechte Seiten oben: Führerstand der ersten Bauserie (E 44 002 bis 021).
WERKFOTOS SIEMENS/SLG. ASMUS (3)

Leistungstafel für die E 44⁰ aus dem Merkbuch von 1941. *ABB.: SLG. KOSCHINSKI*

Bo′ Bo′ E 44.001—

km/h	40	45	50	55	60	65	70	75	80	85	90
Steigung $^0/_{00}$	Wagengewicht in t										
0	2000	2000	2000	2000	2000	2000	2000	2000	1840	1480	1140
1	2000	2000	2000	2000	2000	2000	1950	1730	1530	1250	965
2	2000	2000	2000	2000	2000	1815	1635	1470	1305	1070	835
3	2000	2000	2000	1850	1700	1550	1405	1270	1140	940	735
5	1520	1520	1520	1400	1300	1190	1090	995	900	750	590
8	1095	1095	1095	1010	945	875	810	740	675	565	445
10	920	920	920	850	795	740	685	630	575	480	380
15	645	645	645	600	565	525	490	450	415	345	270
20	490	490	490	455	430	400	370	345	315	265	205
25	390	390	390	360	340	320	295	275	250	205	160
30	320	320	320	295	280	260	240	225	205	165	125
35	265	265	265	245	230	215	200	185	170	135	100

DBTF 20i 200 von BBC (mit 200 MW Abschaltleistung).

Haupttransformator

Als Hauptumspanner erhielten die Serien-E 44 wie die MSW-Probelok E 44 101 bzw. 501 einen ölgekühlten Transformator, jedoch nicht in Kernbauweise ausgeführt, sondern in Mantelbauweise mit gemeinsamem Mittelschenkel für die Ober- und Unterspannungswicklung. Zur Abführung der bei der Umspannung entstehenden Verlustwärme wurde durch eine am Transformatorkessel angebrachte Ölumlaufpumpe das erwärmte Öl aus dem Kessel abgesaugt, in zwei Luftölkühlern abgekühlt und in den Kessel zurückgedrückt.

In die E 44 002 bis 021 gelangten Transformatoren des Typs WBT 590 mit 1450 kVA Dauerleistung zum Einbau. Die E 44 022 bis 102 (außer E 44 082) bekamen Umspanner der z.B. hinsichtlich Spulenaufteilung, Isolierung und Ölumlauf verbesserten Typen WBT 590 a–d nominell gleicher Leistung. In die E 44 103 bis 125 wurde der auf 2070 kVA Dauerleistung gesteigerte Typ WBT 591 eingebaut. Die „Heimstofflok" E 44 082 erhielt probeweise einen Trafo des Typs WBT 590 al, dessen Hoch- und Niederspannungswick-

lungen statt aus Kupfer vollständig aus Aluminium hergestellt waren. Die mit 1900 kVA deutlich höhere Dauerleistung des Alu-Umspanners war laut Otto Michel (in „Elektrische Bahnen" 6/1940) hauptsächlich auf die verbesserte Ölführung zurückzuführen. Ebenfalls komplett aus Aluminium gefertigt wurden dann die Wicklungen des in den E 44 126 bis 183ᵂ eingebauten Typs WBT 655 al, mit dem man laut DB-Fahrzeugmerkbuch von 1961 auch noch die E 44 184ᴳ bis 187ᴳ ausrüstete. Die Nennleistung des WBT 655 al bezifferte das DB-Merkbuch mit 2000 kVA.

Steuerung

Die Unterspannungswicklung des Haupttransformators besaß 15 Anzapfungen für die Fahrmotoren. Dementsprechend wurde die Motorspannung durch das handbetätigte Nockenschaltwerk in 15 Dauerfahrstufen verstellt. Über den Kollektor-Feinregler und Zusatztransformator erfolgte die Spannungsänderung zwischen den Fahrstufen. Die E 44 002 bis 042 erhielten das in der MSW-Probelok bewährte Schaltwerk ENW 3 mit pro Nockenschalter einem Hauptkontakt und drei Hilfskontakt-Paaren. Die E 44 043 bis 062 bekamen das Schaltwerk ENW 5 mit paarweise links und rechts der Nockenschalter angeordneten Schaltkontakten (ohne Hilfskontakte); ab der E 44 063 kam das Schaltwerk ENW 7 mit paarweise übereinander angeordneten Schaltkontakten zum Einbau.

Als Fahrschalter diente ein in den Führerständen senkrecht angebrachtes Handrad, durch das über Steuerwellen sowie Ketten- und Zahnradübertragung das Nockenschaltwerk und der Feinregler betätigt wurden. Bei der Ausrüstung von DB-Lokomotiven mit direkter Wendezugsteuerung musste eine motorische Schaltwerkssteuerung eingebaut werden, wobei die schon ab Werk dafür eingerichteten E 44 184ᴳ bis 187ᴳ übrigens ein waagerecht auf dem Führerpult montiertes Handrad erhielten. (Auf die Wendezugloks wird im Kapitel über den Einsatz der E 44 bei der Bundesbahn eingegangen.)

In den E 44 002 bis 021 bewirkte ein elektropneumatischer Richtungswender für alle vier Fahrmotoren gemeinsam die Umkehrung der Läuferdrehrichtung und damit Änderung der Fahrtrichtung. Um die dabei erforderliche aufwändige Schienenführung zu vermeiden, erhielten die E 44 022 bis 187ᴳ wie schon der MSW-Prototyp zwei jeweils einem Drehgestell zugeordnete Richtungswender ELU 17.

Fahrmotoren

Die achtpoligen Wechselstrom-Reihenschlussmotoren des Typs WBM 380 A wurden gegenüber den in der E 44 001 eingebauten Motoren des Grundtyps WBM 380 deutlich verbessert. Ausgezeichnet bewährten sie sich im mittelschweren Güterzugdienst, waren aber im schnelleren Reisezugdienst überfordert. So nahmen laut Werner Streil (geschildert im Buch „Baureihe 111", GeraMond Verlag 2014) bei den um 1938/39 häufig vor Eilzügen eingesetzten E 44 der RBD Stuttgart die Fahrmotorschäden dramatisch zu; beim 1949/50 erfolgten Einsatz der Freilassinger E 44 vor Schnell- und Eilzügen mit dauernd 90 km/h auf der Strecke München–Salzburg eskalierte die Schadanfälligkeit zur „Katastrophe". Besser und wirtschaftlich vertretbar im Reisezugdienst einsetzen ließen sich die E 44 nach dem Einbau von Hartmangan-Achslagerführungen und dem Umrüsten der Motoren auf Zwillingsbürsten.

Wie von Streil ausführlich erläutert, lag der günstige Kommutierungspunkt der Fahrmotoren bei 56 km/h und wurde bei 76 km/h die „Rundfeuergrenze" erreicht. Das Merkbuch für die Fahrzeuge der Reichsbahn von 1941 gab die (nach VDE-Regeln als Nennleistung definierte) Stundenleistung der Serien-E 44 mit 2200 kW eben bei 76 km/h an, die der E 44 001 übrigens mit 2120 kW bei 83,5 km/h. Allerdings waren die in der E 44 001 noch eingebauten Motoren WBM 380 bereits überarbeitet. Direkt vergleichbar ist die im DB-Merkbuch von 1961 angegebene Stundenleistung bei 70 Prozent der Höchstgeschwindigkeit (also bei 63 km/h): 2070 kW für die Serien-E 44 und 2040 kW für die E 44 001.

Bremsausrüstung

Die Lokomotiven besaßen eine einlösige Einkammer-Druckluftbremse der Bauart Knorr mit Zusatzbremse. Die Bremsklötze wirkten einseitig auf die Radlaufflächen. Ursprünglich betrug das Bremsgewicht der Lok in der P-Stellung 48 t und in der G-Stellung 26 t. Für die Anhebung der Höchstgeschwindigkeit auf 90 km/h wurden die Bremsgewichte durch Einbau größerer Bremszylinder und Änderung der Bremshebel-Übersetzung in der P-Stellung auf 78 t und in der G-Stellung auf 49 t erhöht. An der Rückwand jedes Führerraums befand sich ein Handrad für die obligatorische Spindelbremse, die jeweils auf das Bremsgestänge des nächstliegenden Drehgestells wirkte.

Die elektrische Widerstandsbremse der E 44 152ᵂ bis 183ᵂ war als fahrleitungs-

Blaugrau, eisengrau, schwarzgrau

Bis 1942 wurden die E 44 mit der seit 1927 bei Elloks üblichen blaugrauen Lackierung des Kastenaufbaus geliefert. Am 12. Juni 1942 verfügte die DRB die Lackierung des Lokkastens im Farbton „Eisengrau" (RAL 42 bzw. neu RAL 7011), was zumindest die ab Mitte 1942 gelieferten E 44 125 und E 44 143 bis 151 betraf. Eine Richtlinie vom November 1942 schrieb den wesentlich dunkleren Farbton „Schwarzgrau" (RAL 46 bzw. neu RAL 7021) vor, demnach gültig für die ab 1943 gelieferten Loks E 44 126 bis 133 sowie die E 44 152^{W} und folgende. In welchem Umfang diese Richtlinie beim Erstanstrich oder Neuanstrich im Zuge von Ausbesserungen tatsächlich angewandt wurde, ist nicht bekannt. Fraglich ist auch, inwieweit bei den E 44 noch der am 28. Oktober 1944 verfügte Tarnanstrich zur Anwendung kam.

In folgender Übersicht ist unter Weglassung einiger Details die Außenfarbgebung genannt, entsprechend dem im Jahr 1927 eingeführten und 1935 teils neu festgelegten Regelanstrich für Elektrolokomotiven. Die Farbtöne sind gemäß der für Fahrzeuge der Reichsbahn maßgeblichen Farbkarte RAL 840 B 2 (kurz RAL alt) und dem um 1960 eingeführten RAL-Hauptregister RAL 840 HR (RAL neu) bezeichnet.

Farbe	**RAL-Farbton**		**verwendet für**
	alt	**neu**	
Aluminiumoxid	1h	9006	Stromabnehmer (bis ca. 1939), Dach
Blaugrau	4h	7018	Kastenaufbau (mit schwarzer Zierleiste), Sandkästen
Schwarz	5	9005	Hauptschalter auf dem Dach, Brücken- und Drehgestellrahmen, Pufferträger und Puffer, Griffstangen, Führerraumaufstiege, Achsbuchsen, Radkörper, Antriebsteile, Federn, Bremsgestänge
Rot	7	3000	Dachleitungen, Stromabnehmerecken und Wippenhörner, ab ca. 1939 Stromabnehmer und Hauptschalter
Gelb	24	1007	Schmiergefäßdeckel, Griffe für Züge und Hähne

Die Probelok E 44 001 wurde mit dunkelgrau lackiertem Kastenaufbau geliefert. Das Dach und die Stromabnehmer waren hellgrau, Speichen und Naben der Räder rot. Zumindest die Farbgebung der Räder wich also vom Regelanstrich ab. Die im Musterblatt der SSW von 1930 genannten Farben „Dunkelgrau" und „Hellgrau" könnten aber den RAL-Farbtönen 4h und 1h entsprochen haben.

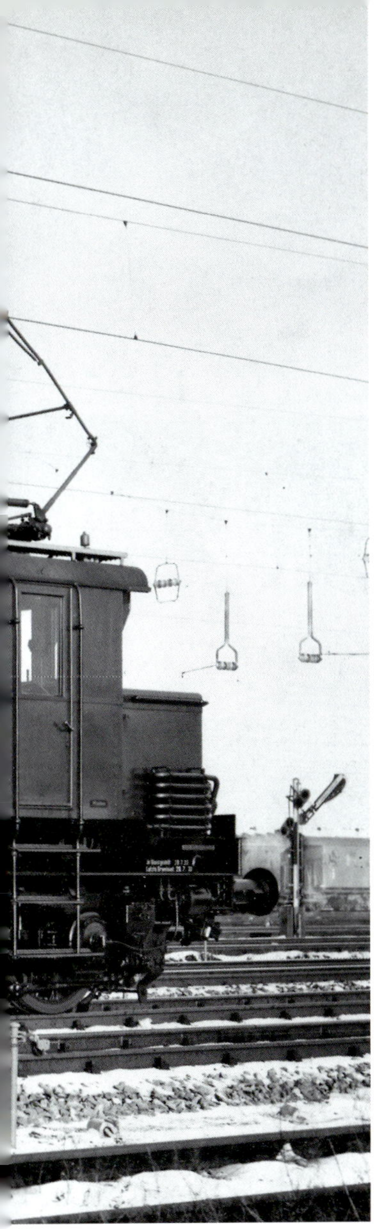

Krauss-Maffei in München-Allach lieferte den Mechanteil zahlreicher Serien-E 44, so auch den der E 44 044.
WERKFOTO KRAUSS-MAFFEI/ SLG. HUFSCHLÄGER

Linke Seite: Die E 44 007 wurde im Dezember 1933 auf Glasplatte gebannt (die Indienststellung erfolgte laut Anschrift am 29.7.1933).
WERKFOTO SIEMENS/ SLG. ASMUS

Die Wiener Lokomotivfabrik Floridsdorf fertigte den Mechanteil der E 44 119 bis 125 (Aufnahme von 1941).
WERKFOTO WLF/ ARCHIV GRIEBL

Bereit zur Übergabe an die Deutsche Reichsbahn: E 44 019.
WERKFOTO SIEMENS/SLG. HUFSCHLÄGER

abhängige, vom Transformator fremderregte Wechselstrom-Widerstandsbremse ausgeführt. Sie ergänzte die Druckluftbremse, um bei Talfahrt die Abnutzung der Bremsklötze zu vermindern und das Lösen der Radreifen aufgrund zu hoher Wärmeentwicklung zu vermeiden. Beispielsweise konnten auf einer Gefällstrecke von 31 Promille die Lokomotive und ca. 30 Tonnen Anhängelast auf 50 km/h Beharrungsgeschwindigkeit abgebremst werden. Äußerlich waren die E 44^{W} an den beiden Abluftschächten auf dem Dach zu erkennen. Über diese entwich die erwärmte Kühlluft der beiden (vom Trafolüfter belüfteten) Bremswiderstände.

Sonstige Ausrüstung

Zu den Hilfseinrichtungen zählte die bereits erwähnte im vorderen Vorbau installierte zweistufige Motorluftpumpe. Sie erzeugte die Druckluft für die Bremsanlage und die druckluftbetätigten Geräte (z.B. Druckluftantrieb der Stromabnehmer, Achsdruckausgleichvorrichtung, Sandstreuer). Die Pressluftsandstreuer sandeten je nach Stellung des in jedem Führerraum angebrachten Sandstreuhahns entweder nur den in Fahrtrichtung vorderen Radsatz oder alle vier Radsätze. Auf dem Dach über den Führerständen befanden sich die Luftpfeifen. Wie zuvor schon die E 44 001 erhielten die in Freilassing erstbeheimateten E 44 070 und 071 wegen der zahlreichen ungesicherten Wegeübergänge auf der Strecke nach Berchtesgaden um 1938/39 je zwei Druckluftläutewerke; die E 44 070 hat die Glocken bis 1981 behalten.

Vom E-Teil erwähnt seien noch

- die aus zwei Anzapfungen des Haupttransformators gespeiste elektrische Zugheizung
- die Gleichrichteranlage zur Erzeugung des 24-Volt-Gleichstroms für Beleuchtung und Scheibenwischer
- die wegabhängige Sicherheits-Fahrschaltung (Sifa) der Bauart BBC. ■

Die E 44 087 hat am 3. Juni 1939 mit P 400 aus Saalfeld kommend Hockeroda erreicht. Hinter der Lok ist ein CPostid 21 eingereiht.
FOTO: C. BELLINGRODT/SLG. GRIEBL

Von Stuttgart bis Breslau

Bis März 1945 nahm die Reichsbahn insgesamt 172 Serien-E 44 in Betrieb. Sie wurden in Bahnbetriebswerken in Süd- und Mitteldeutschland stationiert, einige wenige E 44 fuhren auch auf Strecken in Schlesien und in Österreich

Die von Februar bis Juli 1933 gelieferten E 44 der ersten Serie traten ihren Dienst bei den Bahnbetriebswerken München Hbf (E 44 002 bis 009), Stuttgart-Rosenstein (E 44 010 bis 016 und E 44 018 bis 021) sowie Ulm (E 44 017) an. Wie vorgesehen, kamen sie auf der ab 1. Juni 1933 durchgehend elektrisch betriebenen Strecke München – Augsburg – Ulm – Stuttgart zum Einsatz, die Münchner Maschinen erreichten auch Mittenwald, Kufstein, Salzburg und Regensburg.

Die von Juli 1934 bis Oktober 1935 folgenden E 44 022 bis 042 verstärkten zum Teil die Bestände der Bw München Hbf und Stuttgart-Rosenstein. Außerdem erschienen sie fabrikneu in den Bw Augsburg, Treuchtlingen und Nürnberg Rbf, um die ab 10. Mai 1935 in voller Länge elektrisch betriebene Strecke Augsburg – Donauwörth – Nürnberg zu bedienen. Das Einsatzgebiet der Stuttgarter E 44 erweiterte sich am 7. Oktober 1934 um die neu elektrifizierte Strecke Plochingen – Tübingen.

Zur Ablösung überalterter Stangen-Elloks im schlesischen Netz erhielt von April bis August 1936 das Bw Hirschberg (RBD Breslau) die E 44 043 bis 050. Anfangs bespannten die neuen Bo'Bo'-Maschinen vor allem leichte Güterzüge (Leig) und Naheilgüterzüge auf der Gebirgsbahn Waldenburg-Dittersbach – Görlitz sowie der in Lauban abzweigenden Strecke nach Kohlfurt. Hinzu kamen Personen- und Güterzugleistungen auf den Strecken Breslau – Waldenburg-Dittersbach und Hirschberg – Schmiedeberg – Landeshut.

Dringend benötigt wurden E 44 auch im Direktionsbezirk Halle, wo seit Erweiterung des mitteldeutschen Netzes um die seit Oktober 1934 elektrisch betriebene Strecke Halle – Köthen – Magdeburg ein Mangel an leistungsfähigen Elloks herrschte. Die von August bis Dezember 1936 beim Bw Halle (Saale) eingetroffenen E 44 051 bis 056 lösten Lokomotiven der Baureihe E 71[1] ab, im Dezember 1937 ergänzten E 44 068 und 069 den Hallenser Bestand.

Ansonsten wurden Maschinen des Bauloses bis zur Betriebsnummer E 44 092 süddeutschen Bahnbetriebswerken zugeteilt. Im April 1937 bekam das Bw München Ost mit E 44 056 und 057 seine ersten E 44. Ab Dezember 1937 beheimatete das Bw Freilassing die E 44 070 und 071, mithin neben den neun E 44[1] (E 44[5]) und der seit Anfang 1934 dort stationierten E 44 001 erstmals Serien-E 44. Für Einsätze auf der Strecke Nürnberg – Saalfeld wies die Reichsbahn dem Bw Bamberg teils schon vor Aufnahme des elektrischen Betriebs am 15. Mai 1939 die fabrikneuen E 44 084 bis 092 sowie aus dem folgenden Baulos die E 44 093, E 44 095 bis 097 und E 44 100 zu. Ab Februar 1940 erreichten Bamberger E 44 auch Göschwitz, ab Mai 1940 Camburg und ab Mai 1941 Weißenfels.

Nach der im Sommer 1940 abgeschlossenen Auslieferung und Abnahme der E 44 093 bis 111 trat eine Beschaffungspause ein. Mit den E 44 105 und 106 erhielt im August/September 1940 das Bw Leipzig West seine ersten E 44. Die E 44 098, 099 und 107 waren im zweiten Halbjahr 1939 fabrikneu zum Bw Salzburg gekommen, schon im Oktober 1938 hatte man dorthin die E 44 043 und 056 umbeheimatet. Eingesetzt wurden die

Salzburger E 44 auf den Strecken Salzburg – Schwarzach-St. Veit – Wörgl – Innsbruck und Salzburg – Rosenheim. Ab Herbst 1940 beförderten sie auch Güterzüge zwischen Attnang-Puchheim und Rosenheim (allerdings nicht mehr die zum Bw Bamberg abgewanderten E 44 098 und 099).

Am Jahresende 1940 verteilten sich die bis dahin 110 Serien-E 44 wie folgt auf die Bahnbetriebswerke: Augsburg (13 Lokomotiven), Bamberg (17), Freilassing (2), Halle/Saale (9), Leipzig-Wahren (2), Leipzig West (3), Hirschberg (7), München Hbf (17), München Ost (5), Nürnberg Rbf (11), Salzburg (3), Stuttgart (18) und Treuchtlingen (3).

Bestandszuwachs um „KEL 1"

Wie im Technik-Kapitel erläutert, beschaffte die Reichsbahn weitere E 44 als Kriegselektrolokomotiven (KEL 1), in denen man als Ersatz für im Ausland zu beschaffende Metalle sogenannte Heimstoffe verwendete (vor allem Aluminium statt Kupfer). Mit Maschinen der Bauserien bis zur Betriebsnummer E 44 151 wurden fabrikneu unter anderen die Bw Neu-Ulm (ab Juni 1942), Saalfeld (ab Februar 1942), Weißenfels (ab Juni 1942) und Dessau Hbf (ab März 1943) bedacht. Infolge von Umbeheimatungen bekamen auch die Bw Tübingen (sicher ab Oktober 1941), Garmisch (ab November 1943) und Landshut/Bayern (ab März 1944) Loks der Baureihe E 44.

Mit Aufnahme des elektrischen Betriebs zwischen Weißenfels und Leipzig am 2. November 1942 schloss sich die Fahrdrahtlücke zwischen süddeutschem und mitteldeutschem Netz. Möglich waren nun Ellok-Durchläufe von Nürnberg bis Leipzig Hbf und Leipzig-Wahren; jedoch konnten mit schmaleren Stromabnehmerwippen (nur 1950 mm breiten „Reichswippen") ausgerüstete süddeutsche oder Saalfelder und Weißenfelser Maschinen in Mitteldeutschland wegen des dort noch üblichen Fahrdrahtzickzacks von +/- 500 mm nicht freizügig eingesetzt werden. Befahren konnten sie im Direktionsbezirk Halle nur die schon mit einem Fahrdrahtzickzack von +/- 400 mm elektrifizierten Strecken Weißenfels – Leipzig Hbf und Leipzig-Leutzsch – Leipzig-Wahren Vbf, im Leipziger Hauptbahnhof zunächst allerdings nur einen Teilbereich mit entsprechend umgebauter Fahrdrahtaufhängung

Die ab April 1943 gelieferten E 44^{W} mit elektrischer Widerstandsbremse wurden durchweg süddeutschen Bahnbetriebswerken zugeteilt: dem Bw Freilassing im

Die E 44 005 unterquert in Murnau mit einem Güterzug aus Garmisch-Partenkirchen die LAG-Strecke Murnau–Oberammergau. Foto (um 1935): E. Schörner

Linke Seite (von oben nach unten): Geislinger Steige: E 44 031 passiert den Streckenposten 70 (1938). Foto: RVM (RBD Stuttgart)/Bildarchiv der Eisenbahnstiftung

Eine Serien-E 44 verlässt 1939 mit einem D-Zug von Berchtesgaden Hallthurm. Foto: RBD München

Die E 44 086 fährt 1939 bei Stockheim (Oberfr.) mit einem bunten Personenzug in Richtung Kronach. Foto: C. Bellingrodt/Slg. Gerhard

Links: E 44 078 am Bahnsteig in Murnau: Mitarbeiter der Reichspost sortieren 1941 die ausgeladenen Pakete. Foto: Slg. Asmus

Anzeige von Krauss-Maffei, erschienen 1941. Abb.: Slg. Ponzlet
Ganz oben: E 44 079 (leihweise Bw Wörgl) leistet im Sommer 1939 einer österreichischen 1670 (E 22^{1}) auf der Giselabahn Vorspann. Foto: Slg. Griebl
Rechte Seite oben links: E 44 043 im Juni 1936 mit Eilgüterzug bei Hirschberg (Riesengebirge). Foto: C. Bellingrodt/Slg. Bufe
Rechte Seite oben rechts: E 44 038 in Nürnberg-Märzfeld (26. August 1939). Foto: Slg. Griebl

Jahr 1943 die E 44 152^{W} bis 156^{W} und E 44 160^{W} bis 164^{W}, dem Bw Augsburg 1943/44 die E 44 157^{W} bis 159^{W} sowie E 44 170^{W} und 171^{W}, dem Bw München Hbf im Zeitraum November 1943 bis März 1945 die E 44 165^{W} bis 169^{W} sowie E 44 172^{W}, 174^{W} und 175^{W}. Die am 9. März 1945 abgenommene E 44 175^{W} war die letzte noch vor Kriegsende in Dienst gestellte E 44. Die für das Bw München Hbf vorgesehene E 44 173^{W} erlitt schon vor oder kurz nach ihrer Abnahme schwere Schäden wahrscheinlich durch Bombentreffer (wurde aber über das Kriegsende hinaus im Bestand geführt).

Die zehn E 44^{W} des Bw Freilassing kamen auf den Strecken nach München und Berchtesgaden zum Einsatz, doch in den engen Gleisbögen der Berchtesgadener Bahn ließ ihr Laufverhalten im Vergleich zu den E 44^{5} wohl zu wünschen übrig. Wie dem auch sei: Weil man die mit E-Bremse ausgerüsteten Loks dringend für den Güterverkehr und insbesondere Militärtransporte auf der Strecke München – Kufstein – Brenner benötigte, wechselten sie (mit Ausnahme der nach einer Untersuchung im RAW München-Freimann zum Bw Garmisch gelangten E 44 161^{W}) im Zeitraum Juni bis Oktober 1944 zu den Bw München Ost und München Hbf, dafür kehrten sechs ans Bw München Ost abgegebene E 44^{5} nach Freilassing zurück.

Die beim München Hbf erstbeheimateten E 44^{W} befuhren von Anbeginn die Brennerbahn, auch Augsburger E 44^{W} gelangten mit Güterzügen im Durchlauf ab Ulm bis zum Brenner. Hingegen kam es höchstwahrscheinlich nicht zum geplanten Einsatz von E 44^{W} der RBD Augsburg auf

E 44 095 und E 18 43 befördern am 3. Juni 1939 bei Kronach den D 40 aus Berlin nach Nürnberg. Foto: C. Bellingrodt/Slg. Asmus

der Arlbergbahn. Die dafür zweckmäßige Beheimatung beim dieser Direktion unterstellten Bw Bludenz unterblieb. Lediglich die nicht mit E-Bremse ausgerüsteten E 44 110, 120 und 141 befanden sich bei Kriegsende im Bw Bludenz, und zwar zur Reparatur in der dort ansässigen Werkabteilung des RAW Innsbruck. Obsolet wurde im Übrigen die für den Einsatz auf der schlesischen Gebirgsbahn geplante Beheimatung von zehn E 44^{W} im Direktionsbezirk Breslau. Zuletzt waren dort noch vier vom Bw Hirschberg zum Bw Breslau Freiburger Bahnhof umbeheimatete E 44 stationiert. Hiervon blieben die E 44 044 und 046 bei Kriegsende im Bereich der RBD Breslau (also auf Polen einverleibtem Gebiet) stehen, die E 44 047 und 127 in Polaun (mithin auf tschechischem Territorium); schließlich gelangten alle vier Loks als Reparationsgut in die Sowjetunion.

Kommen wir zur Schlussbilanz zum Zeitpunkt der Kapitulation des Deutschen Reiches am 8. Mai 1945: Drei von 172 in Dienst gestellten Serien-E 44 (die E 44 005, 007 und 026) waren 1943 infolge schwerer Kriegsschäden ausgemustert worden. Außerdem musterte die DRB im Jahr 1943 die bereits gelieferte, aber noch nicht abgenommene E 44 129 aus. Inklusive der nicht mehr in Dienst gestellten E 44 173^{W} wurden noch 170 Serienloks im Bestand geführt. Davon befanden sich 106 in Süddeutschland, 51 im Bereich der Sowjetischen Besatzungszone (SBZ), fünf in West-Berlin (bei SSW zur Reparatur), zwei im polnischer Verwaltung unterstellten Schlesien, vier in Österreich und zwei in der Tschechoslowakei. Im Bereich der SBZ befand sich außerdem die zur Abnahme im RAW Dessau weilende E 44 178^{W}. ■

Stets in süddeutschen Gefilden

Einschließlich der nachbeschafften Maschinen verfügte die DB über 122 Serien-E 44, dazu gesellten sich bis 1965 zwei Umbauten aus E 244. Der Einsatz konzentrierte sich auf Bayern und Baden-Württemberg, er endete 1984

Mit dem N 7351 aus Heidelberg rollt die 144 157 am 13. April 1979 südlich von Eberbach durch das Neckartal. Foto: A. Ritz

Bei Kriegsende war über ein Viertel der 106 in Süddeutschland vorhandenen und im Bestand geführten Serien-E 44 schadhaft abgestellt. Mehr oder minder als Wracks existierten außerdem noch die schon 1943 ausgemusterten E 44 005, 007, 026 und 129. Bis zum Jahresende 1945 strich die DR in der US-Zone auch die schwerstbeschädigten E 44 003, 061, 067, 122 und 173^{W} endgültig aus dem Bestand. Andererseits kamen die im Mai 1945 fast fertiggestellten, im Winter 1945/46 gelieferten E 44 176^{W} und 177^{W} hinzu, dann bis März 1947 ebenfalls als von den US-Behörden genehmigte „Fertigbauten" die E 44 179^{W} und 180^{W}. Vier Maschinen kehrten im Herbst 1945 aus Österreich nach Bayern zurück: die Ende des Krieges zur Reparatur beim Bw Bludenz weilenden E 44 110, 120 und 141 (im Tausch gegen drei E 45^{2} bzw. BBÖ-1170.200) und die schwer beschädigt in Wörgl stehen gebliebene E 44 166 (im Tausch gegen die E 88 15 bzw. BBÖ-1080.15).

Auf Ersuchen der Generaldirektion des Werkstättenwesens (GDW) München gelangten im November und Dezember 1947 drei süddeutsche E 44, die zur Reparatur bei Siemens im Britischen Sektor Berlins standen, nach München. In einem

aus Sicht der ostzonalen und sowjetischen Behörden dreisten „Husarenstück" der Briten wurden die E 44 070, 032 und 056 – als Dienstgut deklariert im nächtlichen Dg 5096 – nach Helmstedt gebracht, von dort ging die Fahrt weiter zum RAW München-Freimann. Die drei noch im SSW-Werk gebliebenen E 44 kamen wohl im Einvernehmen mit den Sowjets nach München: im März 1948 die E 44 060, im Dezember 1949 die E 44 043 und schließlich im September 1952 die zuletzt beim Bw Leipzig West stationierte E 44 050.

Von August 1950 bis Januar 1951 erhielt die Deutsche Bundesbahn die bei Henschel angearbeiteten und bei Krauss-Maffei fertiggebauten E 44 181^{W} bis 183^{W}. Als „Privates Ausbesserungswerk" war Krauss-Maffei in München-Allach wesentlich am 1952 abgeschlossenen Wiederaufbau kriegsbeschädigter E 44 beteiligt. Hierfür dienten die ausgemusterten Loks als Ersatzteilspender; mit Baugruppen des Mechanteils der E 44 005 entstand 1950 im Bw Basel die E 244 22.

E 44 179 verlässt mit dem P 3156 nach Freiburg (Breisgau) am 5. April 1959 Offenburg. FOTO: H. RÖTH

Ganz oben: Frankenwaldbahn: E 44 161^{W} (Bw Pressig-Rothenkirchen) hat um 1950 einen Personenzug bis zum Hp Falkenstein an der Zonengrenze gebracht. Mangels Umsetzmöglichkeit schiebt sie die Garnitur nun zurück bis Ludwigsstadt. FOTO: JAHN/SLG. WINKLER

122 Serienloks plus ein Prototyp

Im Jahr 1955 stellte die Bundesbahn die nachbeschafften E 44 184^{G} bis 187^{G} als direkt fernsteuerbare Wendezuglokomotiven in Dienst (zum Wendezugbetrieb mit E 44 siehe den Kastentext auf Seite 52/53). Damit verfügte sie inklusive des 1939/40 im E-Teil weitgehend der Serie angeglichenen Prototyps E 44 001 über 123 Maschinen der Baureihe E 44 (ohne die neun in diesem Kapitel außen vor bleibenden $E\,44^{5}$).

Auf dem schon Ende 1945 fast vollständig wieder mit Elloks befahrbaren elektrifizierten Streckennetz in Süddeutschland übernahmen die E 44 als „Mädchen für alles" erneut einen wesentlichen Teil des Personen- und Güterverkehrs. Wie bereits in den Kriegsjahren beförderten sie oft auch Eil- und Schnellzüge, was die Fahrmoto-

E 44 010 hat im Juli 1957 Ausfahrt aus Mühlacker. Auf dem Nachbargleis steht die E 18 048 in Warteposition. FOTO: G. GRESS

Ganz oben: Eine E 44 mit Widerstandsbremse fährt 1958 mit einem Personenzug in den Hauptbahnhof Stuttgart ein. FOTO: G. GRESS

ren auf Dauer offenbar nicht vertrugen. Hierzu ein prägnantes Beispiel: Ab Ende November 1949 beim Bw Freilassing stationierte E 44 mussten vorübergehend die einer Grundüberholung zu unterziehenden E 16 ersetzen. Dabei hatten die Loks, deren Motoren eigentlich nur für 80 km/h ausgelegt waren, mit schweren Zügen dauernd die zulässige Höchstgeschwindigkeit von 90 km/h zu erbringen und diese selbst auf den 10-Promille-Steigungen zwischen Freilassing und Rosenheim zu halten. Infolgedessen erreichten die Kommutatorschäden bei den Freilassinger E 44 ein „epidemisches“ Ausmaß. Nach Wiederinbetriebnahme der E 16 im Laufe des zweiten Halbjahrs 1950 gab das Bw Freilassing fast alle Serien-E 44 wieder ab. Doch auch in anderen anstrengenden Reisezugdiensten traten gehäuft Kommutatorschäden auf, laut Werner Streil insbesondere im ab 1954 ausgeweiteten Wendezugbetrieb auf Münchner Vorortstrecken mit auf 90 km/h Geschwindigkeit abgestimmten Fahrzeiten. Nach Ausrüstung der Motoren mit Zwillings-Kohlebürsten und dem Einbau von relativ verschleißarmen Hartmangan-Achslagerführungen ließen sich die E 44 mit akzeptablen Instandhaltungskosten auch gut im Reisezugdienst einsetzen, der insgesamt betrachtet ja überwog.

Keine Rolle mehr als Heimat-Bw der E 44 spielte zur Bundesbahnzeit das Bw Treuchtlingen, es gab seine wenigen Maschinen schon im März 1950 ab. Auch aus dem Bw Neu-Ulm wurden die Bo'Bo'-Loks damals abgezogen, allerdings beheimatete diese Dienststelle von 1956 bis 1959 erneut einige Exemplare. Bereits 1946 hatte das Bw Pressig-Rothenkirchen vier E 44 erhalten. Mehr oder weniger kontinuierlich dort stationierte E 44 bespannten u.a. Personen- und Eilzüge von Nürnberg bis Falkenstein/Zonengrenze und leisteten Schubhilfe auf der Frankenwaldbahn, dies auch von Probstzella aus.

Zum Jahreswechsel 1964/65 endete die Beheimatung in Pressig-Rothenkirchen, aber E 44 blieben noch bis September 1983 im Frankenwald und Coburger Land präsent.

Die Elektrifizierung der Strecke Nürnberg – Würzburg – Aschaffenburg – Frankfurt (Main), konkret die Aufnahme des elektrischen Betriebs von Fürth bis Veitshöchheim, führte im Oktober 1955 zur Erstbeheimatung von E 44 in Würzburg. Für den Einsatz auf dem zunächst im Abschnitt Basel – Freiburg elektrifizierten Teilstück der Rheintalstrecke wies die DB im Mai 1955 erstmals dem Bw Freiburg (Breisgau) E 44 zu, dessen Bestand bis 1961 vor allem mit E 44^{W} beträchtlich vergrößert wurde.

Nach Abnahme der E 44 184^{G} bis 187^{G} waren die 123 Lokomotiven der Baureihe E 44 am 31. Dezember 1955 folgendermaßen auf die Heimat-Bw verteilt: Augsburg (12 Exemplare), Bamberg (17), Freiburg (2), Garmisch (8), Landshut/Bayern (8), München Hbf (33), München Ost (2), Nürnberg Hbf (1), Nürnberg Rbf (7), Stuttgart (11), Pressig-Rothenkirchen (4), Tübingen (6), Ulm (9) und Würzburg (3).

Einhergehend mit der fortschreitenden Auslieferung von E 41 konzentrierte die DB die E 44-Bestände auf weniger Bahnbetriebswerke. So fasste die BD Stuttgart im Jahr 1959 ihre Loks beim Bw Stuttgart zusammen. Das Bw Landshut gab seine letzten E 44 im Januar 1959 ans Bw Regensburg ab, das sie schon bis Ende Mai 1959 nach München und Stuttgart weiterreichte. Im Direktionsbezirk Nürnberg endete Anfang September 1960 die Beheimatung beim Bw Bamberg. Der Bestand des Bw München Hbf, dessen E 44 zwischen 1954 und 1958 mit bis zu 17 000 Kilometern die höchsten Monatslaufleistungen aller DB-E 44 erzielten, schrumpfte bis 1960 auf acht Exemplare und sank mit Abgabe der letzten Loks nach Garmisch und Rosenheim Ende September 1965 auf null. Die Direktion Nürnberg konzentrierte die E 44-Unterhaltung bis 1965 auf die Bw Aschaffenburg (das am 1. September 1962 alle Würzburger E 44 bekam) und Nürnberg Hbf (das am 1. Juni 1964 die E 44 vom Bw Nürnberg Rbf erhielt und zum Jahreswechsel 1964/65 auch die letzten E 44 aus Pressig-Rothenkirchen). Die Aschaffenburger Maschinen fuhren bis Frankfurt (Main) Süd und Frankfurt (Main) Ost sowie nach Darmstadt und Gemünden. Die Nürnberger Loks liefen im Nahverkehr rund um Nürnberg, zudem erreichten sie planmäßig Coburg, Ludwigsstadt, Regensburg und Treuchtlingen.

Infolge der Konzentrationsmaßnahmen beheimateten ab Herbst 1965 nur noch acht Bw die zuverlässigen Maschinen mit dem etwas „knorrigen Charme“, nämlich Aschaffenburg, Augsburg, Freiburg, Garmisch, München Ost, Nürnberg Hbf, Rosenheim und Stuttgart.

Wertvolle Widerstandsbremse

Seit 1960 kamen bei der DB auch die Vorteile der Lokomotiven mit elektrischer Widerstandsbremse zur Geltung. Zuvor wusste man damit wenig anzufangen, weshalb diese Einrichtung bei vielen E 44^{W} stillgelegt worden war. Nach Beendigung des 50-Hertz-Betriebs auf der Höllental- und Dreiseenbahn im Schwarzwald übernahmen 16 Freiburger E 44 mit noch funktionsfähiger Widerstandsbremse den Gesamtverkehr zwischen Freiburg und Neustadt (Schwarzwald) sowie Leistungen zwischen Titisee und Seebrugg. Einige bis 1969/70 in Freiburg beheimatete „normale“ E 44 ohne E-Bremse und bis 1971 dort stationierte Loks mit (sofern noch nicht ausgebaut) stillgelegter E-Bremse lösten auf der Wiesentalbahn Basel – Schopfheim – Zell und der Wehratalbahn Schopfheim – Säckingen die E 32 ab, außerdem befuhren sie zusammen mit E 44^{W} die Rheintalstrecke.

1962 änderte sich die Baureihenbezeichnung der 16 Exemplare mit funktionstüchtiger Widerstandsbremse von E 44^{W} in E 44^{11}, die Betriebsnummer E 44 152^{W} beispielsweise in E 44 1152. Bei den übrigen E 44^{W} entfiel der Index „W“ spätestens mit der EDV-gerechten Umzeichnung im Jahr 1968.

Von den fünf bis Mai 1960 auf den 50-Hertz-Strecken eingesetzten E 244 wurden zwei in E 44 umgebaut: die E 244 11 zur im November 1963 abgenommenen E 44 188 und die E 244 22 zur im August 1965 abgenommenen E 44 189. Diese

Eine E 44 überquert mit einem Personenzug von Nürnberg nach Regensburg um 1952 in Beratzhausen die Brücke über die Schwarze Laber. Foto: Jahn/Slg. Winkler

Die E 44 097 leistet im Mai 1963 bei Heigenbrücken der ölgefeuerten 44 1315 (Bw Bebra) mit einem Güterzug Richtung Frankfurt (Main) Vorspann. Foto: K.-H. Hein/Slg. Dr. Kaufhold

E 44 071^B mit Wendezuggarnitur, aufgenommen am 6. September 1956 zwischen München-Laim und München Hauptbahnhof. FOTO: DR. SCHEINGRABER/ BILDARCHIV DER EISENBAHNSTIFTUNG

S-Bahn München: Zur Weiterfahrt nach Kreuzstraße stand am 16. März 1973 in Hohenbrunn die 144 089 mit einem Wendezug bereit. FOTO: D. KEMPF

Wendezug-E 44: Von „B" zu „G"

Das Bw Stuttgart setzte wohl schon 1944/45 mindestens eine E 44 mit einer ES/EB 65-Garnitur im Wendezugdienst ein, sicher nur provisorisch dafür ertüchtigt. Mangels genügend betriebsfähiger ET 65 ließ die Eisenbahndirektion Stuttgart ab 1950 zur Bildung von Vorortzügen in Kombination mit ES/EB 65 einige E 44 mit Hauptluftbehälterleitung sowie Klingelleitung oder Wechselsprechanlage für indirekte Wendezugsteuerung ausrüsten, zuerst die im August 1950 neu abgenommene E 44 181^W (wobei das „W" freilich für Ausrüstung mit Widerstandsbremse stand!). Bekannt sind außerdem die E 44 010 bis 012 und die E 44 022. Im Jahr 1955 gab das Bw Stuttgart die E 44 010 und 012 zum Bw München Hbf ab. Dieses beheimatete auch die erst 1954/55 für indirekte Wendezugsteuerung ertüchtigten E 44 009^B, 019^B, 071^B, 075^B und 078^B. Der Zusatz „B" kennzeichnete die Ausrüstung mit Befehlsgerät Bauart Hagenuk, das in München auch die E 44 010 und 012 erhielten (folglich ebenfalls mit einem „B" hinter der Loknummer versehen). Wie lange der Stuttgarter Wendezugbetrieb mit E 44 währte, ist unbekannt.

Das Bw München Hbf setzte die E 44^B längstens bis 1958 als indirekt gesteuerte Wendezugloks ein. Seit 1952 verfügte es ja auch über direkt fernsteuerbare E 44. Diese trugen den Zusatzbuchstaben „G" für „Geschobener Zug". Die Kriegsschadloks E 44 039, 087, 089 und 147 hatten beim Wiederaufbau im Jahr 1952 versuchsweise direkte Wendezugsteuerungen von SSW, BBC und AEG erhalten, außerdem die Grundausrüstung für indirekte Steuerung (die E 44 087^G bekam 1954 im Führerstand 1 ein Befehlsgerät). Regulär genutzt wurden die Versuchs-Wendezugsteuerungen wohl nur in den E 44 039^G, 087^G und 147^G, wobei als Steuerwagen der drei 1952/53 für den Vorortverkehr München–Dachau gebildeten Wendezuggarnituren in ESG 01 bis 03 umgezeichnete ES 85 dienten.

Natürlich hatte man bei allen nun direkt fernsteuerbaren E 44 das handbetätigte Nockenschaltwerk durch ein motorisches ersetzt. Am besten bewährte sich die in der E 44 039^G eingebaute Schaltwerks-/ Steuerungskombination von SSW. Daraufhin kam 1954 die von ihr abgeleitete serienmäßige, mit Auf-Ab-Impulsen regelbare Nachlaufsteuerung in den E 44 086, 089, 090, 094 und 096 zum Einbau. Die 1955 gelieferten E 44 184^G bis 187^G besaßen diese ab Werk. Die hinzugekommenen E 44^G ermöglichten zusammen mit neuen Mitteleinstiegswagen oder Umbau-Dreiachsern als reine Leitungswagen sowie Mitteleinstiegswagen als Steuerwagen die Ausweitung des Wendezugdienstes auf die Strecken nach Freising, Herrsching und Tutzing. Bei den E 44 039^G, 087^G und 147^G wurden die Versuchs-Wendezugsteuerungen 1957/58 ersatzlos ausgebaut. Ein ziemlich sicher 1956 entstandenes Foto, das die mit „B" gekennzeichnete E 44 147 zeigt, deutet

Die ersten Wendezüge München–Dachau wurden noch aus Abteilwagen gebildet: E 44 147ᴳ mit P 3746 in München-Karlsfeld (1953). FOTO: DR. SCHEINGRABER/SLG. GERECHT

E 44 087ᴳ: Die Kriegsschadlok erhielt beim Wiederaufbau 1952 versuchsweise eine direkte Wendezugsteuerung. FOTO: DB (BD MÜNCHEN)

Die E 44 087ᴳ bekam im Mai 1954 im Führerstand 1 zusätzlich ein Befehlsgerät für indirekte Steuerung. Vermutlich zeigt das Foto diesen Führerstand (um 1956). FOTO: DB (BD MÜNCHEN)

allerdings daraufhin, dass mindestens sie (mit Befehlsgerät) zuletzt als indirekt gesteuerte Wendezuglok im Einsatz war. Gegen Ende der 1950er Jahre büßten die verbliebenen neun E 44ᴳ viele Münchner Wendezugleistungen zugunsten der E 41 ein. Mit den im Jahr 1958 zum Bw Freilassing umbeheimateten E 44 094ᴳ und 096ᴳ begann der Wendezugbetrieb auf der Strecke Traunstein–Ruhpolding. Ab März 1965 kurzzeitig beim Bw München Ost konzentriert, wurden fast alle E 44ᴳ im September 1965 beim Bw Rosenheim zusammengefasst, das nach Zugang der E 44 094ᴳ aus Garmisch ab Juni 1973 über sämtliche E 44ᴳ verfügte. Mit der Umzeichnung in 144 entfiel 1968 das hochgestellte „G" hinter der Betriebsnummer. Der Wendezugumlauf für die Rosenheimer 144 sah Leistungen auf den Strecken Rosenheim–Holzkirchen (bis 1978), München Hbf bzw. Großhesselohe Isartalbahnhof–Unterpfaffenhofen-Germering (bis 1979) und Traunstein–Ruhpolding (bis 1982) vor, außerdem 1972/73 zwischen München und Tutzing sowie Hohenbrunn und Kreuzstraße. Am 24. September 1982 verabschiedete sich die noch einmal als E 44 094ᴳ beschilderte 144 094 von der Strecke Traunstein–Ruhpolding. Die Nachfolge traten 111er an.

1956 besaß die E 44 147 Lokschilder mit dem Zusatzbuchstaben B für Befehlsgerät (indirekte Wendezugsteuerung). Foto in München Hbf. FOTO: DB (BD MÜNCHEN)/SLG. RITZ

Die 144 189 entstand durch Umbau der E 244 22 und nahm im August 1965 ihren Dienst auf (München Hbf, März 1979). FOTO: W. WÖLKE

Ganz oben: Die 144 188 wurde aus der E 244 11 umgebaut und im November 1963 in den Betriebsdienst übernommen (Bw Rosenheim, September 1976). FOTO: B. SCHWARZ

Lokomotiven unterschieden sich durch ihre zwei großen Führerstandsfenster, die Doppeldüsen-Lüftungsgitter (anstelle der alten Gitter Bauart Schweiger), den anders gestalteten Dachüberstand und die fest eingebauten Stirnlampen augenfällig von ihren Schwestern. Zudem besaßen nur sie Neubau-Stromabnehmer des Typs DBS 54. Beide Sonderlinge waren bis 1969 in Freiburg stationiert, die 144 188 beendete ihre Laufbahn 1982 beim Bw Rosenheim, die 144 189 nach zwischenzeitlicher Beheimatung in Augsburg und Rosenheim 1983 beim Bw Stuttgart.

Seit dem Umbau der beiden E 244 befanden sich (ohne die E 44^{5}) insgesamt 125 E 44 im Bestand der DB. Alle erhielten 1968 die Computernummern: 109 E 44 wurden in 144 und die 16 Loks der Unterbaureihe E 44^{II} in 145 umgezeichnet. Bei den neun wendezugfähigen Loks entfiel der Buchstabe „G“.

Rekordbestand in Stuttgart

Das Bw Stuttgart verfügte Anfang 1968 über 36 E 44, womit es wie bereits Anfang 1960 (mit damals 34 Exemplaren) das Bahnbetriebswerk der DB mit den meisten Loks dieser Baureihe war. Noch bis 1979 blieb es das größte E 44-Bw. Joachim Hund erinnerte im EK-Baureihenbuch von Brian Rampp daran, dass Stuttgarter Personale das sprichwörtliche Arbeitstier E 44 gerne als „Gaul“ bezeichneten. Bis Mitte der 1960er Jahre bildeten die vor allem im Personenzugdienst, aber rege auch im mittelschweren Güterzugdienst eingesetzten Maschinen das Rückgrat des elektrischen Betriebs in Württemberg. Mit Leistungen nach Karlsruhe und Bruchsal kamen sie auch in badische Gefilde. Durch die in den 1970er Jahren wieder forcierte Elektrifizierung erweiterte sich das Einsatzgebiet der Stuttgarter Lokomotiven zum größten eines 144er-Bahnbetriebswerks überhaupt. 1976 reichte es bis Rastatt, Heidelberg (von Osterburken aus), Würzburg, Donauwörth (via Nördlingen), Horb und Tübingen. Der Bestand erreichte 1976 die Rekordhöhe von 39 Maschinen, darunter die seit Juli bzw. November 1975 ozeanblau/beige lackierten 144 021 und 071. Übrigens egalisierte das Bw Stuttgart mit dieser Stückzahl den bisher vom Bw Leipzig Hbf West gehaltenen Bestandsrekord in der langen Einsatzgeschichte

Am 7. Juni 1964 überführte die E 44 070 die ausgemusterte Darmstädter 74 794 und drei G 8[1] mit Laufachse zur Zerlegung nach Straubing. Die Aufnahme entstand auf der Spessartstrecke bei Partenstein.
FOTO: DR. BRÜNING

Im Mai 1965 sind vor dem Rechteckschuppen des Bw München Hbf die E 10 1310, E 32 28, E 10 344, E 18 28 und E 44 025 abgestellt.
FOTO: R. HAHMANN

Die nach einem Unfallschaden mit einer neuen Seitenwand versehene 145 158 trifft am 8. April 1983 mit einem Expreßgutzug in Traunstein ein.
FOTO: A. VORAC

Bauartänderungen

Markante Abweichungen der durch Umbau zweier E 244 entstandenen E 44 188 und 189 von den Serienloks sind im Haupttext genannt. Gesondert eingegangen ist auf die E 44 mit Wendezugsteuerung (siehe Seite 52). Hier nun in Auswahl weitere Bauartänderungen an E 44 der DB:

Stromabnehmer und Hauptschalter
Im Zuge der Reparatur von Kriegsschäden wurden bei etlichen Lokomotiven der Bauserien bis E 44 111 die Stromabnehmer der Bauart SBS 10 gegen solche der Bauart SBS 39 getauscht. Ab 1953 erprobte das BZA München auf der E 44 087^{G} einen Versuchsstromabnehmer mit auf dem Untergestell eines SBS 39 montierter Doppelwippe. Nach 1970 trugen einzelne E 44 zeitweilig Umbau-Stromabnehmer SBS 10/54 oder SBS 39/54.
Die 144 185 bekam Anfang der 1970er Jahre (anstelle des bisher montierten Expansionsschalters R 638) einen Druckluftschnellschalter des in den E 44 188 und 189 von Anbeginn verwendeten BBC-Typs DBTF 20i 200. Einen solchen Schalter erhielt 1975 auch die nach einem Unfall modernisierte 145 158.

Dachschirme
Zum Schutz vor Berührung der Stromabnehmer beim Besteigen der Vorbauten verlängerte das AW München-Freimann ab 1954 die Dachschirme aller E 44. Somit betrug der Dachüberstand bei Loks der Serien E 44 002 bis 111 (mit SBS 10) jeweils 315 mm, bei Loks der Serien E 44 112 bis 151 (mit SBS 39) jeweils 330 mm und bei den E 44 152^{W} bis 183^{W} mit elektrischer Bremse wegen der weiter zum Dachende hin angeordneten Stromabnehmer jeweils 508 mm. Die E 44 184^{G} bis 187^{G} besaßen verlängerte Dachschirme ab Werk. Bei der E 44 001 verlängerte man das Dach abweichend von den Serien-E 44 im Februar 1961, womit diese Lok ihre Läutewerke einbüßte. Einhergehend mit den Dachverlängerungen wurde, um das (unter eingeschaltetem Fahrdraht verbotene) Besteigen der Vorbauten über die als Trittstufe benutzte Kühlschlange des Zwischenkühlers zu verhindern, über selbiger ein schräges Blech angebracht.

Signalleuchten
Ab 1966 ersetzte man die aufgesteckten Signallaternen der Reichsbahn-Einheitsbauart und die statt ihrer in den 1950er Jahren (von vorn gesehen) jeweils rechts angebrachten Lampen mit integrierten roten Klappscheiben generell durch die ebenfalls aufgesteckten DB-Einheits-Signalleuchten, zuletzt 1979/80 bei der (nur an einer Stirnfront noch nicht umgerüsteten) 144 034. Die 144 062 erhielt nach einem Auffahrunfall im Jahr 1972 am Vorbau auf Seite 1 fest montierte Leuchten, dito 1975 die nach einem Unfall modernisierte 145 158. Die E 44 188 und 189 besaßen von Anbeginn fest an den Vorbauten montierte Lampen, auch war bei ihnen das dritte Spitzenlicht jeweils am Vorbau angebracht.

Hauptluftbehälterleitung
Außer für die Beförderung von IC-Garnituren im Münchner Abstelldienst erhielten ab 1979 einige 144er und 145er diese zusätzliche Leitung, um ebenfalls mit zentraler Türschließeinrichtung ausgerüstete Nahverkehrszüge bespannen zu können.

Mittelpufferkupplung und Verschleißpufferbohlen
Die 144 034 hatte von Oktober 1973 bis September 1974 auf der Führerstandsseite 2 versuchsweise eine Verschleißpufferbohle und eine automatische Mittelpufferkupplung (AK). Damit absolvierte die Lok Tests für das BZA Minden, leistete aber auch Plandienst beim Bw Nürnberg Hbf. Mindestens 15 E 44 wurden von 1973 bis 1980 zur Vorbereitung des Einbaus der AK mit Verschleißpufferbohlen erstausgerüstet, die mit dem Tausch von Drehgestellen teilweise an andere E 44 gelangten.

E 44 038 mit Gummiringfederantrieb
1948 griff die DR-West das „Projekt E 46" wieder auf, mithin die schon 1940 eingeleitete Entwicklung einer Nachfolgetype der E 44 auch für den Schnellzugdienst. Als Versuchsträger bekam die bis 1950 von Krauss-Maffei wieder aufgebaute Kriegsschadlok E 44 038 für 120 km/h ausgelegte Getriebe. 1951/52 wurde in das Drehgestell Nr. 2 ein SSW-Gummiringfederantrieb eingebaut. Das Drehgestell Nr. 1 behielt den Tatzantrieb, um diesen in ein und derselben Lok mit dem Gummiringfederantrieb vergleichen zu können. Die Versuchsfahrten ermutigten die SSW, auch die E 10 003 mit dem Gummiringfederantrieb auszurüsten, den dann in verbesserter Form fast alle Einheits-Elloks der DB erhielten. Die E 44 038 erreichte bei Versuchsfahrten bis zu 135 km/h, im August 1956 wurde sie in eine normale E 44 für 90 km/h Höchstgeschwindigkeit rückgebaut.

Modernisierung der 145 158
Von 1973 bis 1975 ließ die DB die im Mai 1972 bei einer Flankenfahrt in Basel Badischer Bahnhof schwer beschädigte 145 158 wieder aufbauen. Dabei bekam sie jeweils drei neue in Gummi gefasste Stirnfenster und rechts eine neue Maschinenraum-Seitenwand, die (an der Anordnung der Fenster und Lüftergitter erkennbar) deutlich von den Serien-E 44 abwich. Das AW Freimann installierte zahlreiche elektrische Bauteile von Einheits-Elloks, u.a. einen Druckluft-Schnellschalter als Hauptschalter.

In aller Kürze:
- Einige E 44 erhielten Spurkranzschmierung Bauart De Limon und kamen damit vorzugsweise auf krümmungsreichen Strecken zum Einsatz.
- Im Zeitraum 1955 bis 1962 entfernte das AW Freimann an jedem Drehgestell beidseitig die mittleren Sandkästen.
- Ab 1960/61 bestückte das Bw Freiburg im Höllental eingesetzte E 44^{W} bzw. E 44^{11} beidseitig mit je zwei Räumblechen in Form einer Schaufel. Zunächst verwendete es zuvor an E 244 montierte Schaufeln, ab Ende der 1960er Jahre in größerer Zahl neu gefertigte Schaufeln.
- 1963/64 rüstete das AW Freimann alle E 44 mit Indusi der Bauart I 54 aus. Ab 1972 wurden einige E 44 für Zugbahnfunk ertüchtigt.

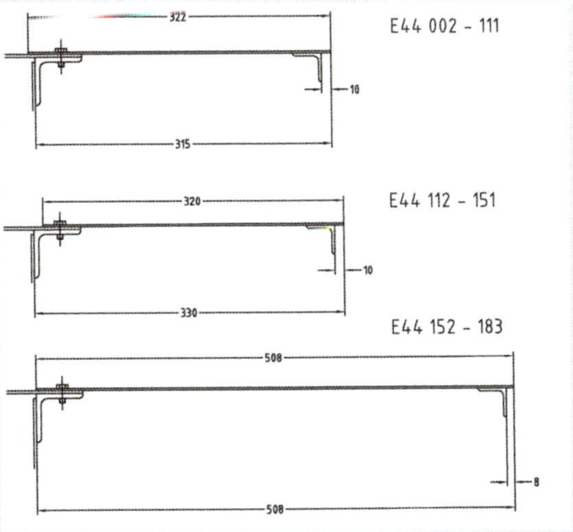

Das Bw Garmisch besaß in den 1970er Jahren drei Anbauschneepflüge für die Baureihe 144 (144 024 in München Hbf, März 1973). FOTO: D. KEMPF

Mitte links: Im Wintereinsatz auf der Höllentalbahn haben sich die Räumbleche an den Drehgestellen anstelle der Bahnräumer bewährt (145 167 bei Höllsteig, 5. Januar 1977). FOTO: G. GRESS

Ganz oben: Die vorübergehend mit einer automatischen Mittelpufferkupplung ausgerüstete 144 034 steht am 24. Oktober 1973 in Nürnberg Hbf zur Abfahrt bereit – vermutlich ist es der N 5766 nach Pressig-Rothenkirchen. FOTO: R. KRAUSS/ARCHIV CARSTENS

Das Maß für die Dachverlängerung bei den E 44 der DB betrug je nach Bauserie zwischen 315 und 508 mm. ZEICHNUNG: B. ZÖLLNER

Die 144 070 war bis 1981 mit den Glocken ausgestattet, die sie einst beim Bw Freilassing erhalten hat (Bamberg, 25. Juli 1972). Foto: D. Spillner

Die 144 029 präsentiert sich im Juni 1971 auf der Drehscheibe des Bw Nürnberg Rbf. Rechts ist die 086 132 zu sehen. Foto: G. Stoffl

der E 44, Anfang Januar 1968 waren dort ebenfalls 39 E 44 beheimatet.

Hier die Verteilung der E 44 (144/145) am 1. Juni 1976: Augsburg (17 Stück), Freiburg (16), Garmisch (12), Rosenheim (22), Stuttgart (39) und Würzburg (19). Das Bw Rosenheim hatte 1974 Lokomotiven aus dem aufgelösten 144er-Bestand des Bw München Ost erhalten und 1975 auch zwischenzeitlich in Freilassing beheimatete Maschinen. Zum Bw Würzburg waren 1975 die E 44 des Bw Nürnberg Hbf gekommen, darunter auch bis 1969 in Aschaffenburg beheimatete Loks.

Nicht mehr voll unterhalten

Ab Sommer 1976 schränkte die DB die Unterhaltung der E 44 ein. Folglich wurde die zur Hauptuntersuchung fällige Stuttgarter 144 038, die in ihrer Münchner Zeit als Versuchsträger für den Gummiringfederantrieb gedient hatte, am 9. Juni 1976 z-gestellt und am 26. August 1976 als erste Serien-E 44 der DB ausgemustert. 1977 wurden elf, 1978 bereits 20 E 44 ausgemustert.

Davon betroffen war auch die Urahnin der Serien-E 44: Zuletzt setzte das Bw Garmisch die schon seit 1975 oft in untergeordneten Diensten beschäftigte 144 001 vor dem Übergabezugpaar Weilheim–Tutzing–Kochel sowie im Rangierdienst in Weilheim ein. Mitte Mai 1978 stellte man

Höllentalbahn: 145 176 mit Nahverkehrszug nach Freiburg (Breisgau) fährt im April 1979 in den Bahnhof Posthalde ein. Foto: K. Koschinski

Rechts oben: Die 144 164 setzt nach einem kurzen Halt in Eicholzheim ihre Fahrt mit dem N 7354 von Osterburken nach Heidelberg am 13. Mai 1979 fort. Foto: D. Kempf

In München beförderten 144er lange Jahre Leerreisezüge von und zum Hauptbahnhof. 1973 hat die 144 156 eine IC-Garnitur mit einem „Buckelspeisewagen" am Haken. Foto: D. Kempf

die Lok ab, am 28. September 1978 folgte die Ausmusterung.

Den anderen Garmischer 144 blieben einstweilen Leistungen u.a. bis Reutte in Tirol, Mittenwald und Weilheim; München erreichten sie nicht mehr. Am 22. Februar 1979 endete die Beheimatung der E 44 in Garmisch, die letzten Maschinen wechselten zum Bw Rosenheim. Dieses übernahm am gleichen Tag fast alle 144er des Bw Augsburg; nach einer Bedarfsausbesserung im AW München-Freimann kam auch die in Augsburg als Reservelok verbliebene 144 145 Ende Juni zum Bw Rosenheim.

Vorübergehend überstieg der Rosenheimer Bestand bei Weitem den Bedarf, weshalb etliche 144er z-gestellt wurden. Doch bis Ende Mai ließ die DB diese Loks reaktivieren und im AW Freimann mit einer Hauptluftbehälterleitung ausrüsten. Aufgrund der mit Einführung des beidklassigen IC-Systems deutlich erhöhten IC-Zugzahlen benötigte die BD München nämlich mehr Maschinen für den

2
144 164-1

1
144 155-7

144 126 hat am 27. August 1976 auf der Frankenwaldbahn den D 302 nach Berlin von Pressig-Rothenkirchen bis Steinbach am Wald nachgeschoben. Auf der anschließenden Talfahrt blieb sie als Schlusslok am Zug. Foto: K. Koschinski

144 070 rangiert am 19. September 1980 an der markanten Schotterverladung am Nordkopf des Ludwigsstädter Bahnhofs. Foto: St. Winkler

Die 144 071 erhielt im November 1975 eine Lackierung in Beige/Türkis. Das Foto vom April 1976 zeigt sie auf der Neckarbrücke in Stuttgart-Bad Cannstatt. Foto: D. Holz/Slg. Dörschel

Die 144 021 wurde im Juli 1975 umlackiert. Mit einem Güterzug aus Rödental trifft sie am 15. August 1983 in Coburg Gbf ein. FOTO: A. RITZ

Fast alle bis zum Ende grün

Entsprechend den DB-Richtlinien zum Anstrich von Elektrolokomotiven wurde der Kastenaufbau der E 44 ab Mai 1950 flaschengrün lackiert, jener der Fertigbau- und Nachbauloks E 44 181 bis 187 also von Anbeginn. Ab 1962 lackierte das AW Freimann die Lokkästen bei Hauptuntersuchungen chromoxidgrün.

Folgende Übersicht nennt die Außenfarbgebung (Farbtöne gemäß RAL 840 HR):

Farbe	RAL-Ton	verwendet für
Weißaluminium	9006	Dach; ab 1965 umbragrau (RAL 7022)
Flaschengrün	6007	Kastenaufbau; ab 1962 chromoxidgrün (RAL 6020)
Schwarz	9005	Brücken- und Drehgestellrahmen, Pufferträger und Puffer, Griffstangen, Führerraumaufstiege, Achsbuchsen, Antriebsteile, Federn, Bremsgestänge
Karminrot	3002	Stromabnehmer, Dachleitungen, Hauptschalter, Radkörper
Gelb	1007	Griffe für Züge und Hähne

Einige E 44 behielten bis zu ihrer Ausmusterung in den 1980er Jahren den freilich nun sichtbar ausgeblichenen flaschengrünen Anstrich.
Im Sommer 1971 versahen Bedienstete des Bw München Ost in Eigenregie zehn E 44 (144 025, 028, 029, 039, 075, 077, 090, 091, 093, 160) zwischen Kasten und Brückenträger mit einem weißen Zierstreifen, den die Loks mit Ausnahme von 144 025 und 075 bis zum Schluss behielten.
Zwei Maschinen bekamen den im Jahr 1975 eingeführten „türkis/beigen" Anstrich. Der DB-Farbton Blautürkis wurde ab 1977 ozeanblau (RAL 5020) genannt, DB-Beige wich kaum wahrnehmbar vom RAL-Ton Elfenbein (RAL 1014) ab.
Im Juli 1975 lackierte das Ausbesserungswerk München-Freimann die 144 021 um, im November 1975 die 144 071. Bei der 144 021 reichte der ozeanblaue Kastenanstrich knapp in den mit einem breiten beigen Streifen versehenen Brückenrahmen hinein. Die 144 071 erhielt entlang des in den ozeanblauen Anstrich einbezogenen Rahmens einen beigen Absetzstreifen. Die Stirnseiten der Vorbauten wurden beige, das Fahrgestell graubraun (RAL 8019) lackiert.

Wendezugdienst Traunstein–Ruhpolding: 144 187 (Baujahr 1955) besaß ab Werk eine Wendezugsteuerung (10. April 1979). FOTO: A. RITZ

Die 144 166 bringt am 18. November 1978 den E 3680 von Garmisch-Partenkirchen nach Reutte in Tirol, im Bild festgehalten bei Lermoos. FOTO: A. RITZ

144 006 holt am 26. Juni 1977 in Klais einen Kesselwagen ab. Foto: W. Wolke

Murnau – Oberammergau: 144 035 sprang am 20. Februar 1978 für eine E 69 ein (bei Altenau). Foto: B. Brandt

144 024 mit GmP 62957 nach Garmisch bei Griesen (August 1976). Foto: A. Ritz

Abstelldienst zwischen München Hbf und München-Pasing Bbf. Um die Funktion der automatischen Türschließanlagen und Magnetschienenbremsen der IC-Garnituren prüfen zu können, mussten die Lokomotiven eine Hauptluftbehälterleitung haben. Bis zu sechs damit ausgerüstete 144er verrichteten planmäßig Abstelldienste zwischen München Hbf und den Abstellbahnhöfen Pasing, Feldmoching sowie Ludwigsfeld.

Ende September 1979 gingen dem Bw Rosenheim die acht noch betriebsfähigen 145er aus Freiburg zu, sie waren im Höllental von Loks der Baureihe 139 abgelöst worden. Obwohl der 144er-Wendezugdienst im Raum München seit 28. September 1979 passé war (und sich nun auf die Strecke Traunstein – Ruhpolding beschränkte), setzte das Bw Rosenheim im Winter 1979/80 planmäßig 26 Loks der Baureihen 144 und 145 ein! Ein sechstägiger 144/145-Mischplan enthielt hauptsächlich Güterzugleistungen im Münchner Raum, aber auch noch zwischen Fischbach (Inn) und Kiefersfelden/Kufstein. Ende 1979 verfügte das Bw Rosenheim über 35 betriebsfähige E 44 (27 der Baureihe 144 und acht 145er). 39 weitere 144er des Einsatzbestands verteilten sich auf die Bahnbetriebswerke Stuttgart und Würzburg.

Das Bw Würzburg setzte im Sommerfahrplan 1981 regulär 14 E 44 ein, mehr als je zuvor und jemals danach. Bemerkenswerterweise hatten die Loks einen bedarfsweise verkehrenden Leergüterzug von Regensburg Ost via Bamberg – Würzburg bis Bebra zu bespannen, mit 440 Kilometern im längsten Langlauf einer E 44 überhaupt! Bei den Bw Rosenheim und Stuttgart hingegen war der Zenit des E 44-Einsatzes seit 1980 überschritten, beide Bahnbetriebswerke gaben ihre letzten aktiven E 44 am 28. Mai 1983 ab.

Dem Bw Würzburg standen nach dem Erhalt noch nicht z-gestellter Maschinen aus Rosenheim und Stuttgart im Sommer 1983 für acht Umlauftage elf 144er und fünf 145er zur Verfügung. Bis zum 24. September 1983 befuhren sie hauptsächlich ihre Stammstrecken im Frankenwald zwischen Lichtenfels und Ludwigsstadt sowie im Coburger Land zwischen Lichtenfels und Neustadt (bei Coburg).

Die letzten Loks der Baureihe 145 wurden im September 1983 z-gestellt und am 29. Februar 1984 ausgemustert. Elf 144er jedoch dienten bis Ende März 1984 in den

2
144 035-3

Bw Stuttgart: 270 057 zieht 144 023 auf die Schiebebühne (31. Mai 1977). FOTO: A. RITZ

Großes Foto links oben: 144 035 und 150 153 haben am 17. Mai 1983 mit dem Ng 64136 (Kornwestheim – Mühlacker) Bietigheim-Bissingen erreicht. FOTO: D. KEMPF
Ganz oben: Die 144 157 wird am 14. April 1979 mit einer LÜ-Sendung (Lademaßüberschreitung) aus Würzburg kommend gleich in Osterburken eintreffen. FOTO: A. RITZ

Links: Zwei 144er des Bw Stuttgart – eine davon abgebügelt – rollen im Sommer 1982 mit einem Nahverkehrszug über den Bietigheimer Enzviadukt. FOTO: B. WOLLNY

144 070 (Bw Würzburg) überquert im Juli 1982 mit dem Lg 59906 nach Aschaffenburg bei Regensburg-Prüfening die Donau.
FOTO: J. NELKENBRECHER

144 066 auf der Drehscheibe im Bw Bebra.
FOTO (1981): NEUSCHAEFER-RUBE/SLG. WINKLER

Bw Würzburg, Lichtenfels, Nürnberg Rbf und Passau der Oberzugleitung Nürnberg als Reserve für Sonderleistungen im Güterverkehr. Danach blieb einzig die 144 119 für Nostalgiefahrten einsatzbereit. Zum Abschied von den Baureihen E 18 und E 44 fand am 21./22. Juli 1984 in Würzburg ein großes Fest statt. An beiden Tagen zog die 144 119 als „E 44 119" den Sonderzug „Werntal-Expreß" von Würzburg via die Werntalbahn nach Gemünden und zurück. Am 31. Juli 1984 wurde sie zusammen mit den anderen letzten Würzburger E 44 ausgemustert, ging jedoch in den Bestand des Verkehrsmuseums Nürnberg über und bespannte bis 2001 zahlreiche Nostalgiezüge. Als allerletzte E 44 musterte die DB am 30. September 1984 die seit 29. Mai 1983 z-gestellte Stuttgarter 144 081 aus, verschrottet wurde sie 1985. Das Bw Stuttgart wollte die ihm einst fabrikneu zugeteilte Maschine für Sonderfahrten und Ausstellungen verwenden. Erhalten geblieben sind, neben dem Prototyp E 44 001, sieben Serien-E 44 der Bundesbahn. Aufschluss darüber gibt das den Museumslokomotiven gewidmete Kapitel. ■

Drehstromlok mit Handbetrieb

Der Beruf des Lokführers und dessen Arbeitsbedingungen unterliegen einem stetigen Wandel, der vom technischen Fortschritt getrieben wird. Beim monatlichen Lokführer-Stammtisch kommt das Gespräch auf die E 44. Wie waren damals die Dienste auf der Altbau-Ellok?

In der Cannstatter Bahnhofswirtschaft treffen sich jeden Monat aktive und pensionierte Lokführer zum Stammtisch ihrer Gewerkschaft. Der Ort hat eine besondere historische Bedeutung, begann hier doch anno 1845 mit der ersten Zugfahrt nach Untertürkheim das Eisenbahnzeitalter in Württemberg. Für die Wahl als Stammlokal spielten jedoch die gute Erreichbarkeit und das günstige Preis-Leistungs-Verhältnis wichtigere Rollen. Diesmal hat Ausbildungslokführer Michael H. eine Gruppe von drei jungen Nachwuchslokführern mitgebracht, mit denen er zuvor eine Schulungsfahrt auf einem Intercity von Stuttgart nach Nürnberg und zurück absolviert hatte. Jan, Leon und Thomas nehmen an dem großen Tisch Platz, an dem sich schon einige der zumeist deutlich älteren Kollegen eingefunden haben.

»Da sind manchmal heftig die Funken geflogen beim Schalten von einer Stufe zur nächsten.«

Einer der Pensionäre präsentiert den Anwesenden gerade ein neu erworbenes H0-Modell der 144 081-7 des bekannten schwäbischen Modellbahnherstellers aus Göppingen. „Eine echte Stuttgarter Maschine, von der Ablieferung bis zur Ausmusterung mit nur zwei Unterbrechungen hier stationiert – auf der bin ich selber oft gefahren. Die hab ich günstig gebraucht bekommen", stellt er mit neuem Besitzerstolz fest. „Schon klar, Gerhard. Aber die hat doch die falschen Stromabnehmer drauf. Das sind die SBS 10, mit denen zwar der Großteil der E 44 ausgeliefert wurde, aber die 144 081 hatte doch SBS 39 auf dem Dach, das weiß ich noch ganz genau." „Pah! Kein Problem, Albert, das ist schnell geändert", erwidert der Angesprochene. „Aber sonst passt alles: der Hauptschalter, die Dachleitungen, die Detaillierung der Drehgestelle, und ihre Probefahrt hat sie auch bestanden."

Ein anderer möchte wissen: „Hat die auch schon Sound? Das Brummen der Tatzlagermotoren bei der Anfahrt, klingt das digital überhaupt echt?" „Nein, hat die nicht. Das brauche ich auch nicht, ich kann mich noch gut erinnern, wie das war, wenn man die Fellbacher Rampe mit einem schweren Zug raufgefahren ist und dabei Stufe um Stufe reingedreht hat", kommt Gerhard ins Erzählen. „Wie war das denn mit so einer alten Ellok?", traut sich Leon einzuhaken. „Ja, das kennt ihr jungen Lokführer heute gar nicht mehr. Ihr legt heute einfach den Hebel nach vorne und wartet, bis die vorgegebene Geschwindigkeit erreicht ist. Dagegen war das auf der Altbaulok noch richtige körperliche Arbeit. Man musste mit einem großen Handrad die einzelnen Fahrstufen schalten, ganz ohne Stellmotor oder Hochleistungselektronik. Über Ketten und Wellen wurde die Drehbewegung auf das direkt am Trafo im Maschinenraum angebaute Nockenschaltwerk übertragen. Da sind manchmal heftig die Funken geflogen beim Schalten von einer Stufe zur nächsten. Eine halbe Umdrehung war eine Fahrstufe, über einen sogenannten Feinregler wurde die Spannung ohne Unterbrechung zwischen den Stufen hochgeregelt, das war damals feinste Elektrotechnik. Hab ewig gebraucht, bis ich begriffen habe, wie der funktioniert! Dabei musste man noch selbst darauf achten, dass man nicht zu hoch aufschaltete und damit eines der Überstromrelais zum Auslösen brachte", legt Gerhard los.

„Überstromrelais kennen die doch heute auch nicht mehr", wirft Albert ein, als er das Stirnrunzeln beim Nachwuchs bemerkt. „Ja, soll ich denn bei Adam und Eva anfangen?", murrt der so ausgebremste Gerhard. „Jedenfalls mussten wir die Überwachungsaufgaben, die heute die Elektronik übernimmt, noch selber leisten. Das ging beim Lauf der Lüfter los, den wir beim Vorbereitungsdienst und jeder passenden Gelegenheit mit der Hand am Arm geprüft haben, und ging über die Einhaltung der Grenzwerte für Motorstrom und Oberstrom mit Hilfe der Anzeigegeräte auf dem Führerstand bis hin zur Temperatur von Trafo und Gleitlagern, die auch immer mal wieder kontrolliert wurden. Später auf den Neubauloks gab es dann Leuchtmelder zur Kontrolle und heute hat man umfangreiche Diagnosesysteme, die jeden Pieps melden und dem modernen Triebfahrzeugführer auch noch sagen, was er dann zu tun hat." „Ja, die Jungs haben das heute viel bequemer", mischt sich nun auch Siegfried ein. „Auf der E 44 musste man ja auch noch stehen, da hatte die Bezeichnung Führerstand noch eine echte Bedeutung. Und wenn man da mit einem Personenzug in einer Schicht mehrmals zwischen Bietigheim, Mühlacker, Pforzheim und Karlsruhe hin- und hergefahren ist, dann wusste man am Feierabend, was man getan hatte", ergänzte er und spannte demonstrativ den Bizeps an. „Bei jeder Anfahrt Stufe um Stufe hochdrehen und dann jedes Mal wieder zurück auf null, den nächsten Bahnsteig anbremsen und das Ganze wieder von vorn. Daher kam später die scherzhafte Bezeichnung ‚Drehstrom mit Handbetrieb'. Wir haben mit der E 44 ja vor allem Personenzüge gefahren, mit Halt an jeder Milchkanne. Man war schon froh, wenn mal eine Übergabe oder ein Expressgutzug dabei war, wo man nicht so viel tun musste."

„Seid ihr etwa auch Güterzüge mit der E 44 gefahren?", fragt Thomas ungläubig. „Selbstverständlich, das war ja lange vor der Bahnreform und die E 44 war eine echte Universallokomotive. Es gab zwar die grobe Aufteilung im Betriebsmaschinendienst zwischen Stuttgart als Reisezug-Bw und Kornwestheim als Güterzug-Bw, aber die Grenzen waren fließend. Stuttgarter Lokführer waren auch im Güterzugdienst zu finden und im Gegenzug fuhren auch Kornwestheimer Personale Reisezüge. So konnten die ungleichen Belastungen bei Nacht- und Wochenenddiensten ausgeglichen werden. Ähnlich verhielt es sich auch mit den Lokomotiven, wobei es hier vor allem um deren wirtschaftlichen Einsatz ging. Ich weiß noch, dass wir Mitte der Siebziger abends immer planmäßig einen Nahgüterzug von Schorndorf nach Ug mit der E 44 im Plan hatten." „Das war der 64456", erinnert sich Albert.

„Der 64452 und der 64449 von Ug nach Waiblingen wurden auch mit der E 44 gefahren, das war ein Umlauf. Ug ist übrigens das alte Kürzel für Untertürkheim Gbf, da wo heute die blühenden Landschaften des Ex-Kanzlers sind. Und der Expressgut abends von Tübingen kam auch oft mit einer E 44.“ „Den haben aber die Tübinger gefahren!“, wirft Gerhard ein und verschüttet dabei fast sein Viertelesglas. „Insgesamt gesehen waren es aber nur Lückenfüller, denn Kornwestheim hatte ja genügend 150er für den Güterverkehr und dann noch seine E 93 für untergeordnete Dienste. Ja, mit der E 44 habe ich als junger Lokführer viele Schichten im Personenverkehr runtergeschrubbt“, sinniert er und betrachtet dabei eingehend das mitgebrachte Lokmodell. „Damals war ich ja froh, wenn ich mal keine V 60-Schicht im Abstellbahnhof, sondern eine Streckenleistung mit der Ellok bekam. Zu meiner Zeit waren ja noch 10 bis 12 Jahre Rangierdienst am Beginn der Lokführerkarriere Standard. Hat uns aber auch nicht geschadet. Da haben wir das Bremsen noch von der Pike auf gelernt, bevor man uns auf die Reisezüge losgelassen hat. Heute fangen die Lokführer beim Fernverkehr ja gleich auf dem IC an.“

„Heute ist die Bremserei auch keine große Kunst mehr“, unterbricht Albert. „Mit den elektropneumatischen Bremsen reagieren die ja fast so schnell wie ein Auto. Kein Vergleich zu unserer Zeit. Wenn du da mit einer E 44 und einem Zug aus lauter Dreiachser-Umbauwagen unterwegs warst, also einer schweren Maschine mit nur einseitig abgebremsten Rädern und Wagen mit ungebremstem mittleren Radsatz, dazu sämtliche Bremsen nur einlösig, da musstest du noch etwas können! Wer da nicht rechtzeitig mit dem Bremsen angefangen oder zu früh wieder ausgelöst hatte, der gehörte der Katz. Von wegen mit über 100 Sachen an den Bahnsteig preschen – eingebremst 60 km/h am Bahnsteiganfang waren das Maß aller Dinge. Wenn der Bahnsteig im Gefälle lag, eher noch weniger. Bei den kleinen Haltepunkten zwischen Pforzheim und Wilferdingen auf der Strecke nach Karlsruhe hat schon jeder einmal die Arschbacken zusammengeklemmt und mit den Füßen mitgebremst.“ „Oder am Sommerrain“, pflichtet Siegfried bei. „Oder Gingen, Kuchen und nicht zu vergessen Wannweil!“, ergänzt Gerhard. „Da trennte sich die Spreu vom Weizen. Wer da ohne Halteruck genau an der H-Tafel zum Stehen kam, der war ein echter Meister seines Fachs.“

„Habt ihr mit den alten Maschinen eigentlich oft Störungen gehabt?“, möchte Thomas wissen. „Ach, nicht der Rede wert“, antwortet Albert. „Nichts, was man mit einem Hammer oder einem Holzkeil nicht hätte beheben können. Ab und zu blieben mal Kontakte des Nockenschaltwerks kleben und man musste sie mit ein paar Schlägen auftrennen oder eines der Lüfterschütze schaltete nicht und man musste es unterkeilen. Oder mal eine durchgebrannte Sicherung wechseln. Aber das war eher selten und die alten Mädchen waren recht robust. Die Stuttgarter Werkstatt pflegte ihre Lokomotiven auch gut und hielt die Kontakte stets sauber, so dass die nicht so oft festbrannten. Ganz anders war es dagegen mit den Augsburger E 17, mit denen hatte man öfter mal Probleme.“ „Die hatten ja auch eine Schützensteuerung“, wirft Gerhard ein. „Letztlich waren die Vorkriegsmaschinen aber im elektrischen Teil recht einfach aufgebaut. In der Ausbildung haben wir die Stromverläufe in den Schaltplänen bunt ausgemalt, das war alles in seinen Funktionen gut nachvollziehbar. Das kannst du heute beim ICE vergessen. Wenn's da nimmer geht, dann gibt's einen Neustart wie am Rechner zuhause.“ „Die Fahrzeuge heute sind um ein Vielfaches komplexer aufgebaut in Sachen Antriebs- und Steuerungstechnik“, bestätigt Michael, der Ausbildungslokführer.

„Da kann ein Lokführer unterwegs nicht mehr viel reparieren, selbst wenn er das Werkzeug und die Ersatzteile dazu hätte. Ein paar Notschaltungen kann man vornehmen, das war es dann. Da haben sich die Anforderungen geändert und so ist auch eine Lehre in einem technischen Beruf, wie früher der klassische Schlosser oder Elektriker, nicht mehr Grundvoraussetzung für die Ausbildung zum Lokführer. Mit den höheren Geschwindigkeiten und der zunehmenden Arbeitsverdichtung sind heute eine ausdauernde Konzentrationsfähigkeit und schnelle Reaktion im Ernstfall stärker gefordert. Nach wie vor braucht man ein umfangreiches Wissen über die zu ergreifenden Maßnahmen bei technischen oder betrieblichen Störungen.“ „Ich bin jedenfalls froh, dass ich mich mit dem ganzen Computerzeugs nicht mehr auseinandersetzen muss“, meint Gerhard. „Und meine E 44 hier wird ganz klassisch analog gesteuert auf meiner Modellbahnanlage fahren. Ganz ohne digitalen Firlefanz, so wie es sich für eine Altbau-Ellok gehört.“ JOACHIM HUND

Die 144 081 des Bw Stuttgart wählte Märklin als Vorbild für ein H0-Modell. Die Aufnahme ist am 14. Mai 1977 in Tamm (Württ.) entstanden. FOTO: SLG. HUND

Bis 1989 im Streckendienst

Im März 1946 endete der E 44-Einsatz für neun Jahre, die Loks wurden in die UdSSR gebracht. Nach ihrer Rückkehr bildeten sie zunächst das Rückgrat für den 1955 in Mitteldeutschland wieder aufgenommenen elektrischen Zugbetrieb

Das Jubiläum „150 Jahre erste deutsche Ferneisenbahn" wurde im April 1989 in Riesa mit einer Fahrzeugparade groß gefeiert. Die E 44 046 war mit dabei.

Großes Foto: Die 244 134 überquert 1980 mit einem Personenzug aus Zwickau den Viadukt in Werdau.

FOTOS: R. HEINRICH (2)

Von den 52 nach Kriegsende im Mai 1945 in der Sowjetischen Besatzungszone vorhandenen E 44 waren 47 Lokomotiven in mitteldeutschen Bahnbetriebswerken beheimatet. Auf dem Gebiet der RBD Erfurt befanden sich die E 44 092 und 095 des Bw Bamberg, im RAW Dessau weilte die ebenfalls Bamberger E 44 151; diese drei Maschinen kehrten nicht mehr nach Bayern zurück. Die für das Bw München Hbf vorgesehene E 44 178^{W} wartete im RAW Dessau auf ihre Abnahme. Im Werk der BMAG (vormals Schwartzkopff) in Wildau bei Berlin stand die Landshuter E 44 032 zur Reparatur. Weil man die Schäden dort nicht beheben konnte, wurde sie Ende Dezember 1945 mit Genehmigung der Sowjetischen Militäradministration zu den Siemens-Schuckertwerken (SSW) im Westteil Berlins überführt, wo sich schon bei Kriegsende die süddeutschen E 44 043, 056, 060 und 070 sowie die Leipziger E 44 050 befanden. Von dort gelangten die sechs Loks – drei im November/Dezember 1947 in einer „Nacht-und-Nebel-Aktion" der Briten – schließlich nach München und somit in den Bestand der späteren Bundesbahn; Näheres dazu siehe im DB-Kapitel.

Den im Juli 1945 wieder aufgenommenen elektrischen Zugbetrieb in Mitteldeutschland bewältigten größtenteils die zunächst etwa 35 einsatzfähigen E 44. Zwischen Kriegsende und Anfang 1946 setzte das RAW Dessau zwölf beschädigte E 44 (sieben für die RBD Halle und fünf für die RBD Erfurt) wieder instand, aber schon Ende März 1946 kam für die Elektrotraktion auf Befehl der Sowjetischen Militäradministration das Aus. Sämtliche Anlagen für die elektrische Zugförderung waren abzubauen und zusammen mit dem Fuhrpark als Reparationsgut in die UdSSR zu transportieren. 43 E 44 mitteldeutscher Bahnbetriebswerke rollten bis Ende September 1946 in die Sowjetunion ab, die nicht lauffähigen E 44 072, 104 und 144 gelangten in Einzelteilen dorthin. Auf dem Gebiet der späteren DDR verblieben lediglich fünf E 44: im RAW Dessau die zwangsweise ausgeschlachteten E 44 151 und E 44 178^{W} sowie in Saalfeld die ausgebrannten E 44 033, 041 und 074. Letztere drei Loks musterte die DR am 25. November 1946 aus. Sie standen noch bis 1952 in Saalfeld, wurden Anfang 1956 zum zweiten Mal ausgemustert und anschließend im Raw (sic!) Dessau zerlegt, wobei man Ersatzteile für aus der UdSSR zurückgekehrte Maschinen gewann.

Bei den Sowjetischen Eisenbahnen wurden die E 44 ebenso wie die E 94 auf 1524 mm umgespurt. Dabei drückten die Werkstätten die Räder auf den Achswellen nach außen, wobei sie die Radnaben und Speichen-Ansätze tief ausdrehen mussten. Zumindest die E 44 047 rüstete man für den Betrieb mit 1500 Volt Gleichstrom aus. Der Einsatz von E 44 auf der versuchsweise mit 15 kV 16 $^{2}/_{3}$ Hz Wechselstrom betriebenen Strecke Koshwa – Workuta im Nordural ist hingegen fraglich.

Aus der Sowjetunion zurück

Aufgrund eines mit der DDR geschlossenen Staatsvertrags kehrten 44 Lokomotiven der Baureihe E 44 im Jahr 1952 zur Deutschen Reichsbahn zurück, darunter auch die 1945 direkt aus Schlesien in die UdSSR gebrachten E 44 044 und 046 sowie die 1946 von tschechischem Gebiet abtransportierte E 44 127. Die Herrichtung der Lokomotiven im Raw Dessau kam oft einem Neuaufbau gleich, was wegen des Tauschs von Großteilen wahrscheinlich in mehreren Fällen zum Nummerntausch führte. Im Zeitraum Juli 1955 bis Juni 1961 nahm die DR alle Maschinen

Bauartänderungen

Mangels noch verwendbarer Expansionsschalter rüstete das Raw Dessau einen Teil der E 44 beim Wiederaufbau mit Öl-Hauptschaltern des BBC-Typs BO aus, die von nicht mehr aufgearbeiteten Elloks anderer Baureihen stammten. In den 1970er Jahren wurden diese Ölschalter sowie die verbliebenen Expansionsschalter meist durch Druckluft-Schnellschalter des Typs DAT 1 (der E 11) ersetzt.
Von Februar 1961 bis April 1964 erhielten die E 44 der DR Stromabnehmer der Bauart RBS 58 mit Doppelschleifstück. Nach Erhöhung des Anpressdrucks von 5 auf 6,5 kg konnten die Lokomotiven ab 1964 mit nur einem aufgebügelten Stromabnehmer fahren.
Als Spätfolge des brachialen Umspurens in der UdSSR, aber auch aufgrund der Überbeanspruchung der Loks mit 2200 bis 2500 t schweren Güterzügen während der „Schwerlastbewegung" genannten Kampagne (ab Ende der 1950er Jahre) traten besonders häufig 1964/65 Risse an den Drehgestellen auf. Daraufhin wurden etliche Drehgestelle vom Raw Dessau rekonstruiert (wobei sie u.a. neue Achslager-Führungen und verstärkte Endquerträger bekamen).
Die Ausrüstung der E 44 109, 143 und 146 für den Wendezugbetrieb ist schon im Haupttext erwähnt. Um die direkt gesteuerte E 04 23 vertreten zu können, erhielten die E 44 109 und 146 Kuppeldosen für die 34-polige Steuerleitung des Wendezugs Halle–Leipzig. Jedoch nutzte man bei den weiterhin indirekt gesteuerten Lokomotiven nur zwei Kontakte für die Klingelleitung.
Außerdem seien genannt:
- der vom Juni 1960 bis August 1962 vorgenommene Einbau eines Sifa-Zeitrelais (zusätzlich zur wegabhängigen Sifa, somit Einmannbetrieb möglich)
- der Abbau der beiden mittleren Sandkästen je Drehgestellseite ab 1970
- der ab 1982 bei mehreren 244 erfolgte Einbau einer Rangierfunkanlage.

Am 9. Juni 1958 wurde der elektrische Zugbetrieb von Leipzig Hbf nach Bitterfeld aufgenommen, die E 44 136 dekorierte man aus diesem Anlass. FOTO: SLG. GRIEBL

Rechte Seite (von oben nach unten): E 44 131 in Halle Gbf – E 44 114 und E 04 16 im Bw Halle P (Mai 1957) – E 44 134 mit Schnellzug in Köthen (Mai 1956). FOTOS: G. ILLNER/SLG. GRIEBL, RBD HALLE (2)

Unten: Die E 44 112 ist im November 1964 bei Dessau mit einem Personenzug nach Leipzig unterwegs. FOTO: H. MÜLLER

sowie die stets bei ihr gebliebene E 44 151 wieder in Betrieb, außerdem erfolgte im August 1960 nach einer Generalreparatur die Abnahme der E 44 178.

Am 1. September 1955 bespannte die E 44 051 den Eröffnungszug auf dem Abschnitt Halle (Saale) – Köthen der Strecke nach Magdeburg, damit nahm die DR offiziell wieder den Wechselstrombetrieb auf. Neben der E 44 051 standen dem Bw Halle P anfangs die E 44 031, 069 und 092 zur Verfügung, bis Ende 1955 erhöhte sich der dortige Bestand auf 23 Maschinen. Außerdem beheimatete ab 1. September 1955 das Bw Köthen reaktivierte E 44. Mit fortschreitender Re-Elektrifizierung der Strecken im mitteldeutschen Braunkohlegebiet wurden auch die Bw Magdeburg-Buckau (ab September 1956), Leipzig West (ab Oktober 1956), Magdeburg Hbf (ab Januar 1957), Bitterfeld und Roßlau (jeweils ab März 1958), Leipzig-Wahren (ab April 1959), Weißenfels (ab Januar 1960) und Dessau (ab Dezember 1960) mit E 44 bedacht.

Bis in die frühen 1960er Jahre bildeten die E 44 das Rückgrat des elektrischen Zugbetriebs bei der DR, das Einsatzspektrum umfasste neben Personen- und Güterzügen auch Schnellzüge. Erst 1964 wurde ihre Stückzahl von den Neubau-Elloks der Baureihe

Die 244 143 versah am 4. März 1991 Rangierdienst in Schwerin. Foto: Dr. Timmermann

Ganz oben: Dessau-Wallwitzhafen: 244 139 hat am 27. Juli 1984 in Dessau den E 944 (Dresden – Magdeburg) übernommen. Bis Roßlau läuft am Zugschluss die 35 1113 mit, die den E 944 nach Dessau brachte. Foto: W. Wölke

E 42 übertroffen. Allerdings schied eine E 44, noch ehe 1962 die Serienlieferung der E 42 begann, aus dem Bestand: Die E 44 053 des Bw Leipzig West hatte am 15. Mai 1960 beim Frontalzusammenstoß mit der E 17 123 im Vorfeld des Leipziger Hauptbahnhofs schwerste Schäden erlitten, daraufhin wurde sie im Mai 1961 ausgemustert.

Nach dem Ende der Beheimatung bei den Bw Köthen, Leipzig-Wahren und Magdeburg Hbf verteilten sich die 45 Maschinen der Baureihe E 44 am 1. Januar 1962 wie folgt auf die Bahnbetriebswerke: Bitterfeld (7 Loks), Dessau Hbf (3), Halle P (15), Leipzig West (9), Magdeburg-Buckau (7) und Weißenfels (4).

Die Hallenser E 44 109 und 146 waren im Jahr 1959 für indirekte Wendezugsteuerung ausgerüstet worden, bei der sich die Lokführer auf der Lokomotive und im Steuerwagen mittels Klingelzeichen verständigten. Laut dem EK-Baureihenbuch von Brian Rampp bekam auch die E 44 143 diese Ausrüstung. Bekanntermaßen lösten 1959/60 die E 44 109 und 146 sowie die ebenfalls indirekt gesteuerte E 04 01 auf Strecken im Großraum Halle/Leipzig im Wendezugdienst eingesetzte Dampflokomotiven der Baureihe 65^{10} ab, zwischen Halle und Leipzig vertraten sie fallweise die mit direkter Wendezugsteuerung ausgerüstete E 04 23. Nach Übernahme der Wendezugdienste durch E 11 baute das Raw Dessau 1966 die Wendezugausrüstung bei den E 44 109 und 146 aus (wann auch bei der E 44 143, ist unbekannt).

Im Zusammenhang mit der Serienlieferung der E 42 ordnete die DR Mitte der 1960er Jahre die Ellok-Beheimatung neu und konzentrierte die Baureihe E 44 auf nur noch zwei Unterhaltungs- und Heimat-Bw. Am 1. Januar 1968 besaßen das Bw Halle P fünf und das Bw Leipzig Hbf West 39 Maschinen. Zum Schadpark gehörte seit 1966 die am 14. März 1965 verunfallte E 44 052 (ausgemustert Anfang November 1970).

Am Einsatz änderte die Konzentration auf nur zwei Bahnbetriebswerke wenig. Als das Bw Leipzig Hbf West mit Aufnahme des Leipziger S-Bahn-Verkehrs im Jahr 1969 in großer Zahl weitere Neubau-Elloks erhielt, gab es die Unterhaltung der vom Bw Magdeburg im Güterzugdienst eingesetzten E 44 per 1. Juli 1969 an das Bw Halle P ab. Am 1. Januar 1970 zählten noch 23 E 44 zum Bestand des Bw Leipzig Hbf West, 19 waren dem Bw Halle P zugeteilt und zwei dem in der Folgezeit immer wieder mal mit einigen E 44 bedachten Bw Leipzig-Wahren.

Nach Einrichtung einer Ellok-Werkstatt unterhielt ab 1972 auch das schon bisher E 44 im Güterzugdienst einsetzende Bw Engelsdorf Lokomotiven der seit 1. Juni 1970 so bezeichneten Baureihe 244. In den 1970er Jahren wurden neun Maschinen infolge meist unfallbedingter Schäden abgestellt, jedoch teilweise als stationäre Energieversorger weiter genutzt und erst viel später ausgemustert. Die 35 im Betriebspark verbliebenen Loks verteilten sich am 1. Januar 1980 auf die Bw Engelsdorf (9 Stück), Leipzig Hbf West (9), Halle P (6), Leipzig-Wahren (5) und das seit 1978 erneut als Heimatdienststelle fungierende Bw Magdeburg (6).

Aufgrund der drastischen Verteuerung des aus der Sowjetunion importier-

Mit einem Postzug verlässt die 244 148 im Dezember 1973 den Leipziger Hauptbahnhof.
FOTO: G. GRESS

Am 2. Mai 1965 führten Elbe und Mulde Hochwasser, der Streckenabschnitt Dessau – Roßlau konnte aber trotzdem befahren werden.
FOTO: H. MÜLLER

ten Erdöls verfügte die DR Anfang der 1980er Jahre, zur Einsparung von Dieselkraftstoff im Rangierdienst einige 106er (V 60) durch 244er zu ersetzen. Dazu kam es in Erfurt, Weißenfels, Braunsbedra, Halle Hbf und Gaschwitz, schließlich sogar in Schwerin (1987/88) und Wismar (1989/90). Für den Streckendienst erhielt Mitte Dezember 1985 das Bw Lutherstadt Wittenberg sechs 244er, die Personenzug- und Nahgüterzugleistungen auf der neu elektrifizierten Strecke von Roßlau nach Lutherstadt Wittenberg übernahmen, später auch auf der anschließenden Strecke nach Falkenberg (Elster).

Als letzte E 44 für den regulären Einsatz bekam die 244 139 im Raw Dessau eine Hauptuntersuchung, fertiggestellt im Dezember 1986. Der planmäßige Streckendienst endete am 23. September 1989 beim Bw Leipzig-Wahren. Der Restbestand an E 44 verteilte sich am 1. Januar 1990 auf die Bw Halle P und Leipzig Hbf West (je drei Loks) sowie Erfurt, Weißenfels, Schwerin, Wismar und Rostock (jeweils nur eine Lok). Verwendet wurden die Maschinen im Rangierdienst oder zum Vorheizen von Reisezuggarnituren, gelegentlich schickte man sie noch auf die Strecke. Die 244 108 des Bw Halle P war wie zuvor die 244 133 für den Einsatz im Übergabebahnhof Delitzsch Südwest an das Braunkohlenkombinat (BKK) Bitterfeld vermietet.

Mit Aufgabe des Ellok-Rangierdienstes in Braunsbedra im Geiseltal galt der Betriebseinsatz der Baureihe 244 im Juni 1991 als beendet. Trotzdem gelangte die zuletzt zum Vorheizen in Wismar verwendete Rostocker 244 103 alias 144 103 Anfang 1994 noch in den Betriebsbestand der DB AG! Im Dezember 1994 erhielt sie die offiziellen Weihen einer DB-Museumslok. Insgesamt sind, wie dem Schlusskapitel über die heute noch vorhandenen E 44 zu entnehmen, 14 DR-E 44 erhalten geblieben. ■

244 030 nahm an der Fahrzeugschau zum Doppeljubiläum „50 Jahre Raw Dessau" und „100 Jahre elektrische Zugförderung" teil (14.9.1979). FOTO: H. MÜLLER

Ganz oben: 244 127 am 19. März 1989 mit einem Güterzug im Rangierbahnhof Engelsdorf. FOTO: K. KOSCHINSKI

Zur Farbgebung

Bei ihrer Generalreparatur ab dem Jahr 1955 erhielten die E 44 einen Neuanstrich wie folgt: Stromabnehmer und Dachleitungen feuerrot, Dach betongrau, Lokkasten flaschengrün, umlaufende mittige Zierleiste schwarz; Brücken- und Drehgestellrahmen (außen) sowie Radkörper ebenfalls schwarz. Die als letzte am 28. Juni 1961 wieder in Betrieb genommene E 44 030 war zugleich die erste Maschine dieser Baureihe, die das Raw Dessau mit feuerroten Drehgestellen und Rädern verließ. Bei folgenden Hauptuntersuchungen wurden auch die Drehgestellrahmen und Radkörper der anderen E 44 zur besseren Erkennbarkeit von Rissbildungen rot lackiert. Später bekamen manche E 44 wohl einen vom RAL-Farbton Flaschengrün abweichenden grünen Anstrich des Kastenaufbaus, der zumindest bei der 1990 hauptuntersuchten 244 044 (Werklok des Raw Dessau) heller ausfiel.

Die „Nasenlosen“

Dem vor allem im elektrischen Teil auch für die Großserien-E 44 wegweisenden Prototyp E 44 101 folgten zwei Kleinserien der Baureihe E 44^1, ab 1938 bezeichnet als E 44^5. Die fast immer in Freilassing beheimateten Maschinen brachten es auf bis zu 50 Einsatzjahre

Die MSW-Probelok E 44 101 hatte sich im Versuchseinsatz auf der Strecke Freilassing – Berchtesgaden hervorragend bewährt, besser als die schon vor ihrer offiziellen Beheimatung beim Bw Freilassing hier ebenfalls erprobte E 44 001. Gegenüber den angestammten E 36 und E 36^2 konnte die Beförderungsleistung auf der krümmungsreichen 40-Promille-Rampe von Bad Reichenhall-Kirchberg nach Hallthurm von 90 Tonnen bei 30 km/h ohne Schubhilfe auf bis zu 220 Tonnen bei 50 km/h gesteigert werden. Daraufhin bestellte die DRG-Gruppenverwaltung Bayern noch im Jahr 1932 eigens für die Gebirgsbahn nach Berchtesgaden vier der E 44 101 sehr ähnliche Maschinen. Den Mechanteil fertigte wieder die BMAG, die elektrische Ausrüstung übernahm nach Liquidation der Maffei-Schwartzkopff-Werke die AEG.

Als erstes Exemplar dieser Kleinserie wurde die E 44 103 am 30. März 1933 geliefert, ihr folgten am 4. April die E 44 102, am 27. April die E 44 104 und am 26. Mai 1933 die E 44 105. Im Fahrzeugteil glichen die vier Lokomotiven weitgehend dem Prototyp. Beibehalten wurden der vorbaulose Lokkasten mit rechtsseitigem Maschinenraumgang, der Brückenrahmen in Schweißkonstruktion mit zwei Hauptträgern und einem mittleren Hilfslängsträger, die den Brückenrahmen zu etwa 75 Prozent seines Gewichts abstützenden Drehzapfen, die Drehzapfenlager mit +/-15 mm Seitenspiel, die restliche Abstützung der Brücke mittels schräg liegender Ausgleichsfedern auf den Drehgestellen, die pneumatische Achsdruckausgleicheinrichtung sowie die Barrenbauweise der Drehgestelle. Jedoch wurden die Drehgestelle nicht mehr zentral längsgefedert miteinander gekuppelt, sondern wie bei der E 44 001 mit einer Dreiecks-Steifkupplung. Als Achslager kamen statt der SKF-Pendelrollenlager nun Peyinghaus-Gleitachslager mit Isothermos-Schmierung zum Einbau. Ferner änderte man die Anordnung der Sandkästen und Hauptluftbehälter.

Der Einbau größerer Fahrmotoren bedingte die Vergrößerung des Radsatzabstands in den Drehgestellen von 3050 mm auf 3300 mm. Aus der deshalb verschobenen relativen Lage gegenüber dem Drehzapfen resultierte die von 13 150 mm auf 13 520 mm vergrößerte Loklänge über Puffer.

Zum elektrischen Teil: Die E 44 102 bis 105 und auch die folgenden E 44 106 bis 109 wurden ebenso wie die E 44 101 mit Stromabnehmern der Bauart SBS 10 geliefert. Als Hauptschalter bekamen alle neun Loks den BBC-Ölschalter des Typs BO. Anstelle des vom Umspanner der E 75 abgeleiteten 1750-kVA-Trafos der E 44 101 erhielten die E 44 102 bis 105 den ebenfalls ölgekühlten Haupttransformator des neuen Typs BLT 101; wie der in den E 44 002 bis 081 und E 44 083 bis 102 eingebaute Umspanner BLT 590 leistete er dauernd 1450 kVA, war diesem aber mit einem wesentlich größeren Kernquerschnitt thermisch überlegen. Das handbetätigte Nockenschaltwerk des Typs ENW 3 mit 15 Dauerfahrstufen und Feinreglersteuerung war baugleich mit dem der E 04, E 05, E 44 101, E 44 002 bis 042 sowie E 93. Die von der AEG entwickelten Fahrmotoren mit Stahlgussgehäuse wogen deutlich mehr als die Motoren der E 44 101, sie bekamen die Typenbezeichnung EKB 704 (für Einphasen-Kollektor-Bahnmotor mit 704 mm Ankerdurchmesser); ihre Stundenleistung betrug 400 kW bei 71 km/h.

Am 31. Dezember 1980 wurde die 144 507 auf ihrer Stammstrecke Freilassing–Berchtesgaden beim Haltepunkt Winkl mit dem N 5507 aufgenommen.
Foto: A. Ritz

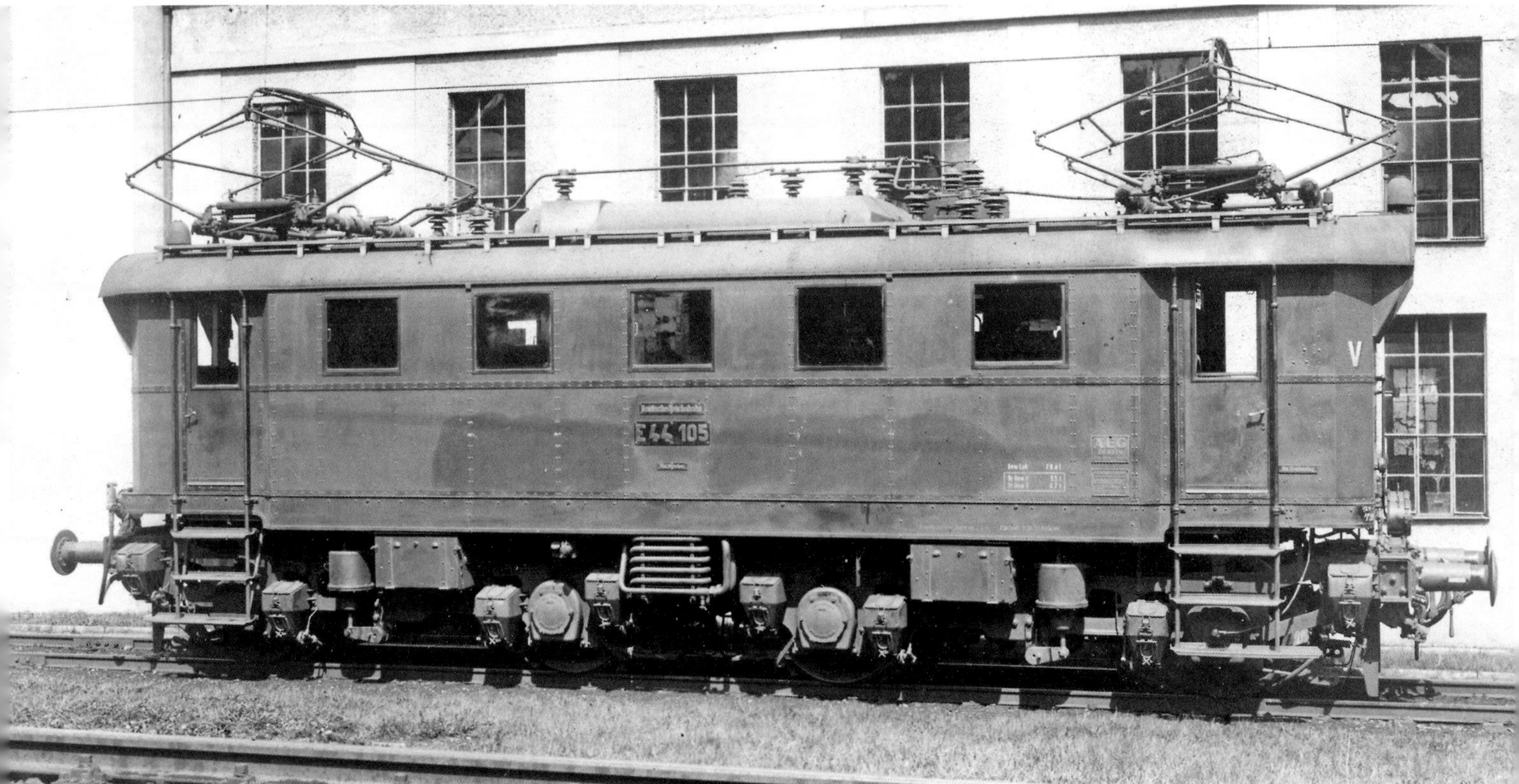

Die E 44 105 (ab 1938: E 44 505) entstammt der ersten Kleinserie mit vier Exemplaren und wurde am 26. Mai 1933 geliefert. Auf der rechten Seite besaßen die Maschinen keine Lüftergitter. FOTO: H. MAEY/SLG. KNIPPING

Ganz oben: Die linke Seite der E 44 102 (spätere E 44 502) mit sechs Lüftergittern. Sie besaß ab Werk weiß abgesetzte schwarze Zierlinien. WERKFOTO AEG/SLG. HÜBNER

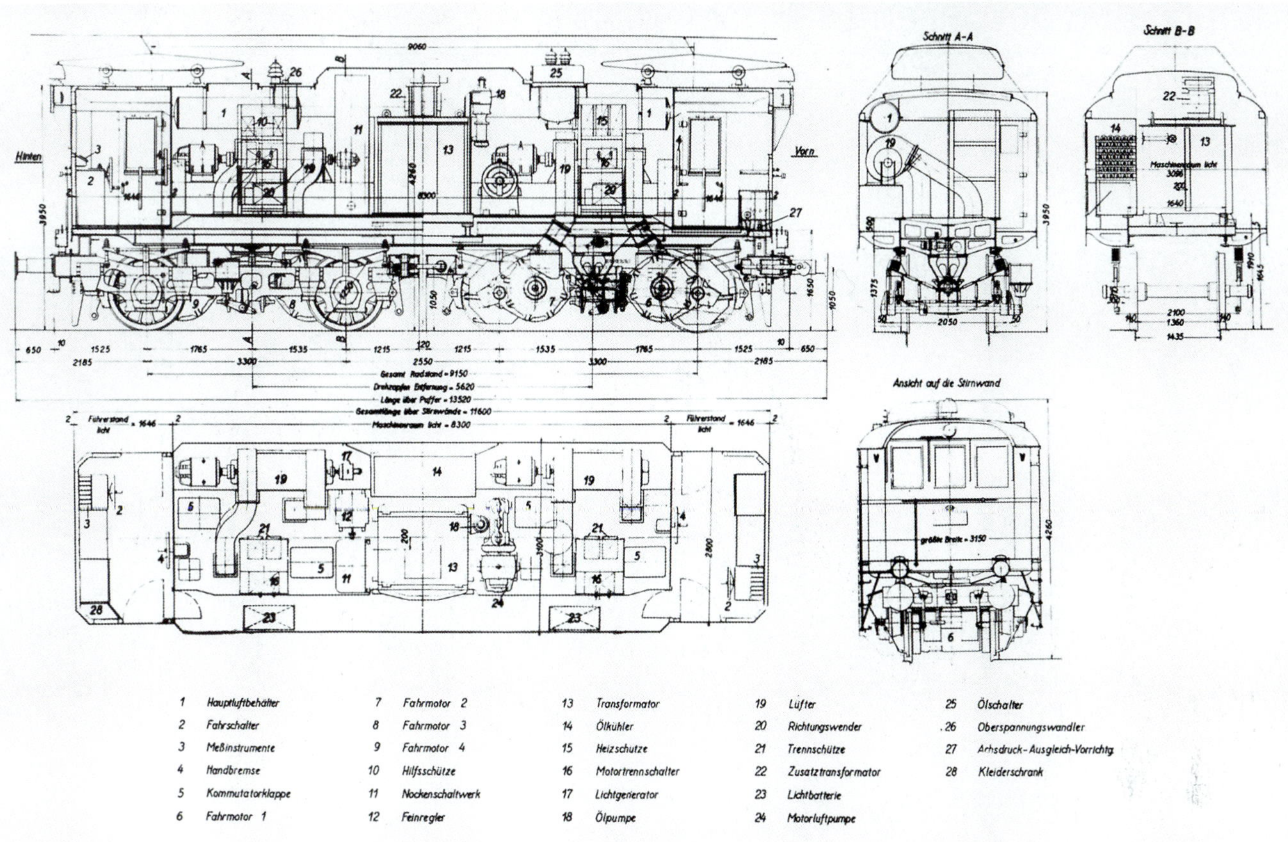

Schnittzeichnungen der E 44 102 bis 105. Die Länge über Puffer der Loks der ersten Kleinserie betrug 13 520 mm.
Zeichnung: Archiv AEG/Slg. Hübner

Die Druckluft wurde vom auch in den Serien-E 44^0 eingebauten Kompressor Knorr VV 224 erzeugt, er förderte pro Stunde 100 Kubikmeter Luft, mithin 10 Kubikmeter mehr als der in der E 44 101 verwendete Typ VV 221. Während die Signallaternen bei der E 44 101 noch am Kastenaufbau befestigt waren, kamen sie bei den E 44 102 bis 105 auf die Pufferträger.

Zweite Kleinserie

Ebenfalls für die Strecke Freilassing–Berchtesgaden gab die DRG im Jahr 1933 bei der AEG vier weitere E 44^1 mit leistungsgesteigertem E-Teil in Auftrag. Die Auslieferung der zweiten Kleinserie begann am 11. Mai 1934 mit der E 44 106, der am 4. Juni und 12. Juli 1934 die E 44 107 und 108 sowie am 10. Januar 1935 die E 44 109 folgten. Auch im nun ebenfalls von der AEG gefertigten Mechanteil wichen die Maschinen erheblich von der ersten Kleinserie ab.

Der Brückenrahmen stützte sich auf den Drehgestellen analog zur E 93 mittels in Töpfen geführter Schraubenfedern ab, wobei die tragende Funktion des Drehzapfens entfiel. Der Radsatzstand in den Drehgestellen wurde von 3300 mm auf 3400 mm vergrößert, die Loklänge über Puffer wuchs von 13 520 mm auf 14 300 mm. Um das zulässige Gesamtgewicht von 80 t nicht zu überschreiten, führte man den Brückenrahmen mit den für die zweite Kleinserie charakteristischen Aussparungen in den Längsträgern aus. Augenfällig von den E 44 102 bis 105 unterschieden sich die Maschinen auch durch die (wie bei der E 44 101) weit oberhalb der Pufferbohlen angebrachten Signallaternen. Außerdem wich die Anordnung der Fenster und Lüfter von der ersten Kleinserie ab.

Der für die E 44 106 bis 109 neu entwickelte Transformator BLT 103 leistete dauernd 1500 kVA und kam dabei mit der halben Ölmenge des Vorgängertyps BLT 101 aus. Die leistungsgesteigerten Fahrmotoren des Typs EKB 725 hatten in den für 80 km/h zugelassenen E 44 506 und 507 eine Höchstdrehzahl von 1484 U/min, ihre Stundenleistung nach VDE-Definition betrug 550 kW bei 63,5 km/h. Bei den E 44 508 und 509 wurde zur Anhebung der Höchstgeschwindigkeit auf 90 km/h die maximale Drehzahl auf 1570 U/m gesteigert und das Übersetzungsverhältnis des Getriebes von 19:80 in 20:79 geändert; die Stunden- bzw. Nennleistung je Motor war nun mit 550 kW bei 68 km/h definiert. Die Getriebeübersetzung 20:79 wählte man dann auch für die E 94, und fast alle E 94 bis zur Betriebsnummer E 94 196 bekamen Fahrmotoren des geringfügig modifizierten Typs WKB 725 a.

Um im Nummernschema Platz für weitere Lieferungen der E 44^0 zu schaffen, änderte die Reichsbahn im Jahr 1938 die Baureihenbezeichnung der neun Lokomotiven von E 44^1 in E 44^5 und dementsprechend die Betriebsnummern in E 44 501 bis 509. Das Anbringen der neuen Schilder zog sich aber bis zum Frühjahr 1939 hin.

Bauartänderungen

Abgesehen vom baldigen Ausbau (oder zunächst nur der Stilllegung?) der elektrischen Widerstandsbremse in der E 44 101, wurden zur Reichsbahnzeit keine bedeutsamen Bauartänderungen vorgenommen. Vereinzelt kam es zum Tausch der Stromabnehmer SBS 10 gegen solche des Typs SBS 9, bildlich belegt ist dies nur zur DB-Zeit bei E 44 504.

Versuchsweise erhielten ab 1951 alle E 44^5 auf SBS-10-Stromabnehmern an-

Kenndaten der Serien-E 44^1 bzw. -E 44^5

	E 44 102–105 ab 1938: E 44 502–505	E 44 106–107 ab 1938: E 44 506–507	E 44 108–109 ab 1938: E 44 508–509
Hersteller E-Teil/Mechanteil	AEG/BMAG	AEG	AEG
Achsanordnung	Bo'Bo'	Bo'Bo'	Bo'Bo'
Höchstgeschwindigkeit	80 km/h	80 km/h	90 km/h
Stundenleistung	1600 kW bei 71 km/h	2200 kW bei 63,5 km/h	2200 kW bei 68 km/h
Dauerleistung	1430 kW bei 74 km/h	2000 kW bei 67 km/h	2000 kW bei 72 km/h
Anfahrzugkraft	235 kN	259 kN	235 kN
Stundenzugkraft	81 kN	121 kN	117 kN
Dauerzugkraft	69 kN	108 kN	102 kN
Treibraddurchmesser (neu)	1250 mm	1250 mm	1250 mm
Länge über Puffer	13520 mm	14300 mm	14300 mm
Gesamtachsstand	9150 mm	9700 mm	9700 mm
Drehgestellachsstand	3300 mm	3400 mm	3400 mm
Drehzapfenabstand	5620 mm	6300 mm	6300 mm
Dienstgewicht = Reibungsgewicht	79,2 t	79,6 t	79,1 t
maximale Radsatzlast	19,8 t	19,9 t	19,8 t
Transformator Bauart/Typ	OFA/BLT 101	OFA/BLT 103	OFA/BLT 103
Dauerleistung	1450 kVA	1500 kVA	1500 kVA
Fahrmotoren Anzahl	4	4	4
Typ/Polzahl	EKB 704/10-polig	EKB 725/10-polig	EKB 725/10-polig
größte Spannung	434 V	507 V	507 V
Art des Antriebs	Tatzlager	Tatzlager	Tatzlager
Übersetzung des Zahnradgetriebes	19:80	19:80	20:79
Bremse	Kzbr	Kzbr	Kzbr
Beschaffungspreis	286884 Reichsmark	275594 Reichsmark	280594 Reichsmark

Quellen:
Merkbuch der Deutschen Reichsbahn von 1941; für E 44 502 bis 505 Angaben zur Länge über Puffer und zum Gesamtachsstand jedoch gemäß BMAG-Zeichnung korrigiert
Weitere Längenangaben sowie Werte für Stunden- und Dauerzugkraft laut Bäzold/Fiebig: Deutsches Lok-Archiv Elektrische Lokomotiven, 7. Auflage 1992

Führerstand der zweiten Kleinserie (E 44 106 bis 109) zum Zeitpunkt der Lieferung. Werkfoto AEG/Slg. Asmus

gebrachte Mehrstoff-Doppelschleifstücke (Kohleschleifstücke mit Kupferblechmantel) nach Patent Dr. Kasperowski. Diese ermöglichten bereits Einbügelbetrieb und blieben mindestens zum Teil bis in die 1960er Jahre hinein montiert.

Um 1955 ließ die Bundesbahn alle E 44^5 mit Packwagensteckdosen ausrüsten. In den späten Fünfzigern glich das AW München-Freimann die Brückenabstützung der E 44 502 bis 505 jener der E 44 506 bis 509 an. In den 1960er Jahren wurden bei allen E 44^5 (außer der ausgeschiedenen E 44 501) die Achslagerführungen mit Gleitplatten aus Hartmanganstahl versehen. Um 1968 bekamen die Loks De-Limon-Spurkranzschmierung.

Im Dezember 1967 rüstete das Bw Freilassing die E 44 508 zunächst nur am vorderen Drehgestell mit Räumblechen („Räumschaufeln") anstelle der bisherigen Bahnräumer aus, vier Monate später auch am hinteren Drehgestell. Im Laufe des Jahres 1968 erhielten alle anderen E 44^5 (nunmehr als 144.5) solche Räumbleche.

Um 1970 ersetzte das Bw Freilassing bei allen 144.5 die alten großen Signallaternen durch DB-Einheitsleuchten. Im Zeitraum 1974 bis Anfang 1977 tauschte es ebenfalls bei sämtlichen Loks die Stromabnehmer SBS 10 gegen von abgestellten E 16 demontierte Umbau-Stromabnehmer der Bauarten SBS 10/54 oder SBS 9/54 mit Pendelwippe und Doppelschleifstück für Einbügelbetrieb aus. Schließlich begann die DB im Jahr 1976 mit der Vorbereitung der 144 502, 504, 505 und 507 für den Zugbahnfunk, aber nur die 144 504 erhielt noch eine Dachantenne. Komplett installiert wurde die ZBF-Einrichtung bei keiner 144.5.

Ab Mitte der 1970er Jahre entfernte das Bw Freilassing teils nur einseitig die Signalglocken auf dem Dach. Mit beiden Läutewerken liefen bis zu ihrem Einsatzende nur die 144 504 (1983), 506 (1977) und 509 (1978). Jedoch bekam die seit 1980 glockenlose 144 502 im Zuge der äußerlichen Aufarbeitung anlässlich ihres 50. Geburtstags Anfang 1983 wieder zwei Läutewerke.

Die Loks der zweiten Kleinserie erhielten leistungsgesteigerte Fahrmotoren des Typs EKB 725, die einen größeren Einbauraum erforderten. Werkfoto AEG/Slg. Borbe

Ganz oben: Die am 11. Mai 1934 gelieferte E 44 106 besaß ebenfalls weiß abgesetzte schwarze Zierlinien. Werkfoto AEG/Slg. Asmus

Die E 44 509 bald nach der 1938 erfolgten Umzeichnung. Foto: H. Maey/Slg. Dr. Hufnagel

Farbkleid im Wandel

Über die ursprüngliche Farbgebung der während ihrer Erprobung buchmäßig als E 44 90 bezeichneten E 44 101 liegen keine genauen Angaben vor. Die E 44 102 bis 109 wurden gemäß Regelanstrich für elektrische Lokomotiven mit blaugrauem Kastenaufbau geliefert. Die E 44 102 bis 105 bekamen, wie in der BMAG-Anstrichzeichnung vorgesehen, mittig des Kastens und zum Rahmen hin weiß umrandete schwarze Zierlinien. Die komplett von AEG gefertigten E 44 106 bis 109 hatten weiß abgesetzte schwarze Zierlinien nur um das Seitenwandfeld und die Türen. Das Dach der E 44 102 bis 109 war hellgrau lackiert, die Stromabnehmer waren silberfarben gehalten; die Gelenkecken der Stromabnehmer, Dachleitungen und Radsterne waren rot, abweichend vom Regelanstrich jedoch Brücken- und Drehgestellrahmen der E 44 102 bis 105 außen nicht schwarz, sondern dunkelgrün lackiert.
Das 1950 von der DB eingeführte Farbschema für Elloks (siehe im Kapitel über die E 44 zur Bundesbahnzeit) galt natürlich auch für die nunmehrigen E 44^5. Bereits im Jahr 1950 lackierte das EAW München-Freimann den Lokkasten der E 44 508 flaschengrün, als letzte E 44^5 bekam im Jahr 1953 die E 44 503 diesen Kastenanstrich. Im Zeitraum 1961 bis 1967 erfolgte die Umlackierung der Lokkästen in Chromoxidgrün, bei Hauptuntersuchungen ab 1966 erhielten die E 44^5 einen umbragrauen Dachanstrich. Im Jahr 1971 wurde der 144 503 anstelle des Schriftzugs „Deutsche Bundesbahn" beidseitig ein kleines DB-Signet aufgeklebt, die anderen sieben 144.5 bekamen bis 1973 den „DB-Keks" in wesentlich größerer Ausführung (1974 dann auch die 144 503).

E 44 107 mit Personenzug nach Freilassing hat im Juli 1935 in Hallthurm Kreuzung mit einem D-Zug. Foto: E. Schörner

Rechts: E 44 507 mit E 10 bei Bischofswiesen (Mai 1965). Foto: U. Montfort

Links unten: E 44 509 und pr. G 10 mit Güterzug Salzburg–München bei Rückstetten (1939). Foto: RBD München/Slg. Ritz

Endorf: E 44 508 mit Leergüterzug wird von der E 94 120 mit Kohlezug nach Salzburg überholt (10. August 1956). Foto: C. Bellingrodt/Slg. Schwarz

Von oben nach unten:
Mit einem Sonderzug, gebildet aus zwei Schnellzugwagen sowie dreiachsigen Umbauwagen der DB, trifft die E 44 508 am 2. Mai 1966 im Hauptbahnhof München ein. FOTO: H. HUFSCHLÄGER
Personenzug mit E 44 502 bei Bad Reichenhall (Sommer 1951). FOTO: SLG. ASMUS
E 44 504 mit P 1814 aus Freilassing auf der Innbrücke in Rosenheim (18. Mai 1958). FOTO: H. RÖTH

Mit einem aus „Donnerbüchsen" gebildeten Personenzug nach Freilassing fährt die E 44 506 am 10. April 1962 bei Berchtesgaden talaufwärts Richtung Hallthurm. FOTO: G. GRESS

Der Stammstrecke treu geblieben

Knapp zwei Jahre nach Zuteilung der damals noch als E 44 90 geführten E 44 101 im Juni 1931 erhielt das Bw Freilassing im Frühjahr 1933 die ersten vier Serien-E 44^5. Den am 30. April abgenommenen E 44 102 und 103 folgten die E 44 104 (Abnahme 4. Mai) und E 44 105 (Abnahme 26. Mai). Auf der Strecke nach Berchtesgaden übernahmen die Lokomotiven sogleich einen Großteil der bisher mit den E 36 und E 36^2 (bayer. EP 3 und EP 4) gefahrenen, übrigens meist ab und bis Salzburg verkehrenden Personenzüge.

Rund ein Jahr später verstärkten die am 11. Mai bzw. 12. Juli 1934 abgenommenen E 44 106 und 108 den Freilassinger E 44^1-Bestand. Komplettiert wurde er um die am 10. Januar 1935 abgenommene E 44 109 und schließlich um die E 44 107, deren Abnahme sich nach der schon im Juni 1934 absolvierten Probefahrt auf der Strecke München–Rosenheim bis zum 31. Dezember 1935 verzögert hatte. Mit dem Erscheinen der zweiten Kleinserie ging der Einsatz bayerischer Stangen-Elloks auf der Strecke Freilassing–Berchtesgaden auch im Güterzugdienst stark zurück. Eigentlich reichten die nun neun E 44^1 aus, um dort den gesamten planmäßigen Zugverkehr abzuwickeln. Jedoch bespannten sie in der zweiten Hälfte der 1930er Jahre zunehmend Regierungssonderzüge, so dass im Planbetrieb Länderbahnlokomotiven einspringen mussten.

Ansonsten befuhren die E 44^1 bzw. (ab 1938) E 44^5 auch die Strecke München–Salzburg, vor allem die für 90 km/h zugelassenen E 44 108 und 109 respektive

E 44 508 und 509. Im Juni 1941 erlitt die E 44 508 bei einem Frontalzusammenstoß im Bahnhof München-Trudering schwerste Schäden, die das RAW Freimann während des Krieges nicht mehr beheben konnte. Erst am 30. April 1947 verließ die instand gesetzte Lok das Münchner Ausbesserungswerk. Wie andere süddeutsche Elloks wurden in den Kriegsjahren E 44^{5} hilfsweise auch im RAW Innsbruck ausgebessert, die E 44 509 erhielt dort vom 7. August bis 6. Oktober 1944 eine E4-Hauptuntersuchung.

Von Mai bis Oktober 1943 bekam das Bw Freilassing zehn E 44 mit elektrischer Widerstandsbremse. Folglich wechselten die E 44 501 bis 505 und die E 44 507 im Zeitraum August bis November 1943 zum Bw München Ost. Doch im Sommer 1944 gab das Bw Freilassing neun E 44^{W} an die Bahnbetriebswerke München Ost und München Hbf ab, wo man sie wegen ihrer E-Bremse für Militärtransporte auf der Strecke zum Brenner benötigte. Deshalb kehrten die in Freilassing schmerzlich vermissten E 44^{5} in ihre alte Heimat zurück: bereits Ende Juni/Anfang Juli 1944 die E 44 502, 503, 504 und 507, im August 1944 die nach einem Tieffliegerbeschuss im RAW Freimann ausgebesserte E 44 505 und Ende November 1944 die E 44 501.

Bei Kriegsende weilten neben der E 44 508 auch die E 44 503 und 507 im RAW. Nach Reparatur der E 44 507 verfügte das Bw Freilassing Ende Juli 1945 wieder über sieben E 44^{5}. Jedoch musste es Anfang Juli 1946 die mittlerweile ebenfalls reparierte E 44 503 und die E 44 504 für den Einsatz zwischen München und Mittenwald sowie Garmisch-Partenkirchen und Reutte in Tirol an das Bw Garmisch verleihen. Erst im März bzw. Mai 1949 kehrten die beiden Leihloks nach Freilassing zurück, wo seit Anfang Mai 1947 erneut auch die E 44 508 zur Verfügung stand.

1947 erzielten die acht Serien-E 44^{5} im Schnitt eine Laufleistung von rund 52 000 km. 1951 brachten sie es auf durchschnittlich 82 000 km, wobei die E 44 503 und 509 mehr als 100 000 km leisteten. Die höchsten Durchschnittslaufleistungen im gesamten Einsatzzeitraum erreichten die Maschinen 1956 mit rund 94 000 km, dabei glänzte die E 44 502 mit dem Spitzenwert von exakt 113 991 km, Rang zwei belegte die E 44 506 mit genau 107 594 km. Um diese Zeit kamen die E 44^{5} regulär bis München Hbf, laut Laufplan vom Sommer 1955 beförderten sie dorthin abends den P 1816 und fuhren

Bischofswiesen: 144 507 war am 28. Mai 1979 Zuglok des Ng 67985 nach Berchtesgaden.

Der aus IC-Wagen gebildete N 5513 mit 144 504 kreuzt in Bischofswiesen die 144 505 mit N 5510 nach Freilassing (28. Mai 1979). FOTOS: W. BÜGEL/BILDARCHIV DER EISENBAHNSTIFTUNG (2)

Am Abend des 14. September 1978 brachte die 144 502 einen aus Vorkriegseilzugwagen gebildeten Nahverkehrszug von Berchtesgaden nach Freilassing und fährt soeben in Bischofswiesen ein. FOTO: K. KOSCHINSKI

morgens mit dem P 1801 nach Freilassing zurück.

Hauptsächlich Rangierarbeiten in Bad Reichenhall und Schiebedienste hinauf nach Hallthurm verrichtete damals die „Vorauslokomotive" E 44 501. Nach einer in 27 Jahren erzielten Gesamtlaufleistung von 1 170 033 Kilometern wurde sie am 1. Juli 1958 z-gestellt und per 8. November 1960 ausgemustert, blieb aber (wie im Kapitel über die Prototypen geschildert) als „Übungsobjekt zum Aufgleisen" noch zwei Jahrzehnte lang erhalten.

Die E 44 504 rückte am 1. Dezember 1958 zur Generalüberholung ins AW München-Freimann ein, wo sie bis 12. Dezember 1961 verweilte. Angesichts des Vormarsches der Einheits-Elloks verzichtete die Deutsche Bundesbahn auf die Generalüberholung weiterer E 44^5. Im Zuge der Konzentration aller E 16 und E 18 der BD München im Bw Freilassing und der Abgabe von sieben Rosenheimer E 44 an das Bw München Ost wurden zum Fahrplanwechsel am 25. September 1966 sämtliche E 44^5 zum Bw Rosenheim umbeheimatet. Am Einsatz änderte diese aus Sicht der Freilassinger Personale bedenkliche Maßnahme aber wenig, auf der Strecke nach Berchtesgaden übernahmen E 18 und E 60 einzelne Leistungen. Schon am 6. Oktober 1967 erhielt das Bw Freilassing die E 44 503 zurück. Die anderen sieben inzwischen als Baureihe 144.5 geführten E 44^5 bekam es am 26. Mai 1968 wieder. Das Anbringen der neuen EDV-Nummern an den Lokomotiven kam erst im Januar 1969 zum Abschluss.

In den Jahren von 1969 bis 1972 erzielten die 144.5 mit durchschnittlich 80 000 bis 90 000 km pro Lokomotive und Jahr fast so hohe durchschnittliche Laufleistungen wie Mitte der 1950er Jahre. Danach sanken die Werte ab, jedoch erforderten die Umlaufpläne weiterhin fünf bis sechs Maschinen für alle Züge auf der Berchtesgadener Bahn, etliche Leistungen zwischen Freilassing und Salzburg sowie einzelne Nahgüterzüge zwischen Freilassing und Traunstein oder Rosenheim. Mit Sonderleistungen oder als Ersatz für ausgefallene E 16 kamen die Lokomotiven immer noch bis München. Den bedarfsweise verkehrenden Kühlwagenzug von Salzburg nach München Süd (zur Großmarkthalle) bespannte bis Mitte der 1970er Jahre häufig die 144 508 oder 509. Mit Reisebürosonderzügen und ersatzweise für ausgefallene Wendezug-144 gelangten die 144.5 auch auf die Strecke Traunstein – Ruhpolding.

Aufgrund der zügigen Anlieferung von Lokomotiven der Baureihe 111 strich die DB die Baureihe 144.5 Anfang 1977 aus dem Unterhaltungsbestand. Die 144 508 wurde am 21. Februar 1977 z-gestellt und per 30. Juni 1977 ausgemustert. Ein Motorschaden bedeutete für die 144 506 das vorfristige Aus, ihre z-Stellung erfolgte am 11. Juli 1977, ihre Ausmusterung am 29. September 1977. Wegen eines Aufstoßschadens schied am 1. Mai 1978 die 144 509 aus dem Betriebsbestand (ausgemustert 30.11.78). Ergo waren bloß noch fünf Maschinen einsatzfähig, für die im Sommer 1978 ein viertägiger Umlauf hauptsächlich mit Leistungen auf der Strecke nach Berchtesgaden und ein eintägiger Plan mit Leistungen zwischen Freilassing und Salzburg galt. Oft wurden aber nur zwei 144.5 eingesetzt, zumal am 28. Juli 1978 auch die 144 503 in den z-Park wechselte (ausgemustert 30.11.78). In die Bresche sprangen Freilassinger 194 und durch das Ausnutzen langer Wendezeiten in Freilassing verfügbare 110er, 111er oder 140er.

Im Winterfahrplan 1978/79 übernahmen Münchner 111er regulär etwa die Hälfte der Berchtesgadener Leistungen. Der Planbedarf für die 144.5 schrumpfte auf zwei Loks zuzüglich einer Maschine an Wochenenden. Gemäß dem ab 27. Mai 1979 gültigen dreitägigen Laufplan bespannten die 144.5 von Freilassing nach Berchtesgaden sogar den IC 511. Letztmalig D-Züge befördert hatten sie hier im Winter 1974/75. Danach waren, wie auch in manchen früheren Fahrplanperioden, im Abschnitt Freilassing – Berchtesgaden zu Eilzügen degradierte Schnellzüge die hochwertigsten Planleistungen.

Dreitägige Umlaufpläne mit ab Winter 1980/81 allerdings stark reduzierten Laufleistungen gab es für die 144.5 bis 1982. Der Plan vom Sommer 1981 sah mit dem E 798 ab Berchtesgaden wieder mal den Einsatz in Doppelbespannung vor, die jedoch in allen möglichen Varianten zu beobachten war und eher selten mit zwei 144.5. Zum Fahrplanwechsel am 23. Mai 1982 wurde für die verbliebenen vier Maschinen ein nur noch eintägiger Laufplan mit Nahverkehrs-, Leerreise- und Güterzügen zwischen Freilassing und Salzburg aufgestellt, die Tagesleistung betrug schlappe 56 km.

Es war der letzte Plan für die 144.5. Am 26. September 1982 schied die 144 505 aus dem Betriebsbestand, vier Tage später die 144 507. Auf Initiative des Traunsteiner Eisenbahnclubs „ES 1“ bespannten am 4. April 1983 die auf den Tag genau vor 50 Jahren gelieferte 144 502 und die 144 504 wieder Planzüge auf der Berchtesgadener Strecke, außerdem kam mit der 144 170 eine ehemalige E 44^{W} zum Einsatz. Das „Geburtstagskind“ 144 502 war frisch lackiert, beschriftet als E 44 502 und mit alten Laternen bestückt. Nach einigen weiteren Einsätzen der 144 502 beförderte am 27. und 28. Mai 1983 nochmals die 144 504 ein Zugpaar nach und von Berchtesgaden. Am 29. Mai 1983 wurden die letzten aktiven 144.5 z-gestellt und zusammen mit den 144 505 und 507 ausgemustert. Drei E 44^{5} sind erhalten geblieben: die E 44 502 als Denkmallok in Freilassing, die heute vom Thüringer Eisenbahnverein in Weimar betreute E 44 507 und die schließlich zur „Lokwelt Freilassing“ gelangte E 44 508. ■

Die 144 502 ist am 27. Juli 1979 mit einem Packwagen und einem gedeckten Güterwagen in Bayerisch Gmain eingetroffen, rechts fährt die 144 505 mit dem E 722 nach Dortmund ein (ab Freilassing als D 722). FOTO: K. KOSCHINSKI

Ganz oben: Im dichten Schneegestöber von Freilassing nach Berchtesgaden: Die 144.5 hat ihr Ziel am 1. Januar 1978 fast erreicht. FOTO: H. LÜDICKE

Beim Bw Freilassing fanden Wünsche von Eisenbahnfreunden immer wieder einmal Gehör und so beförderte im August 1980 ausnahmsweise eine 144.5 der zweiten Kleinserie den Lr 33653 von Traunstein nach Freilassing anstelle der planmäßig vorgesehenen 194. Die Aufnahme ist bei Teisendorf entstanden. FOTO: A. RITZ

Verwandte für 50 Hertz

Die Wahl einer 50-Hz-Probestrecke fiel zu Beginn der 1930er Jahre auf die Höllentalbahn im Südschwarzwald. Es wurden vier Lokomotiven mit unterschiedlicher elektrischer Ausrüstung in Dienst gestellt, deren Fahrzeugteil sich an die E 44 anlehnte

Die E 244 21 fährt Ende der 1950er Jahre mit Touropa-Liegewagen beim Ravennaviadukt die Höllentalbahn hinauf.
FOTO: R. PALM

Aus wirtschaftlicher Sicht wäre es wohl sinnvoll gewesen, für den elektrischen Betrieb von Fernbahnen von vornherein Wechselstrom mit der in den Landesnetzen üblichen Frequenz von 50 Hertz zu nutzen. Die schon Anfang des 20. Jahrhunderts verfügbaren Wechselstrom-Reihenschlussmotoren waren wegen hier nicht näher zu erörternder Kommutierungsprobleme und dem daraus resultierenden starken „Bürstenfeuer“ für derart hohe Frequenzen aber nicht geeignet.

Als Problemlösung blieb zunächst nur die Wahl deutlich niedrigerer Frequenzen. Im Jahr 1912 einigten sich die Staatsbahnen Preußens, Badens und Bayerns auf das Einphasen-Wechselstromsystem mit 15 kV Fahrdrahtspannung und einer Frequenz von 16 2/3 Hertz. Freilich erforderte dieses standardmäßig noch heute in Deutschland, Österreich und der Schweiz sowie in Schweden und Norwegen angewandte System den Aufbau eigener Bahnstromnetze (Stromversorgungsanlagen, Hochspannungsleitungen, Unterwerke etc.). Einen Weg, Strom mit 50 Hertz Frequenz auch für den Eisenbahnbetrieb zu verwenden, beschritt man in Ungarn mit dem versuchsweise ab 1923 und regulär ab 1932 erfolgten Einsatz von Phasenumformer-Lokomotiven mit Drehstrommotoren. Alternativ dazu bot es sich nach der Entwicklung betriebssicherer Quecksilberdampf-Gleichrichter an, den Einphasen-Wechselstrom im Fahrzeug in Gleichstrom umzuwandeln. Eine weitere Alternative zum Phasenumformerprinzip stellten den schwierigen Kommutierungsverhältnissen bei 50 Hertz angepasste Wechselstrom-Reihenschlussmotoren dar, die wesentlich breitere Kommutatoren mit sehr großer Bürstenanzahl erhalten mussten.

Auf Anregung der Industrie, namentlich des SSW-Vorstandsmitglieds Walter Reichel, aber auch des für die „Elektrisierung“

Der Fahrzeugteil der E 244 01 war an die E 44 506 bis 509 angelehnt, geliefert wurde sie von AEG im August 1936. FOTO: H. MAEY/SLG. GRIEBL

zuständigen Reichsbahndirektors Wilhelm Wechmann befürwortete die DRG Anfang der 1930er Jahre einen 50-Hertz-Probebetrieb. Im Großversuch wollte sie herausfinden, ob es vorteilhaft wäre, mindestens neu zu elektrifizierende Fernbahnen aus den Landesnetzen zu versorgen. Wegen der abweichenden Spannung und Frequenz sollte der Probebetrieb vom bisher elektrifizierten Streckennetz getrennt sein, jedoch unter durchaus schwierigen Einsatzbedingungen stattfinden. Zudem sollte das dem Heruntertransformieren von 110-kV-Hochspannung auf 20-kV-Fahrdrahtspannung dienende Unterwerk nahe am Belastungsschwerpunkt der Bahn errichtet werden und der Anschluss ans Landesnetz eine möglichst kurze Leitung erfordern. So fiel die Wahl auf die Höllentalbahn samt abzweigender Dreiseenbahn im Südschwarzwald. Der Steilstreckenabschnitt Hirschsprung – Hinterzarten (Steigung gut 55 Promille) stellte sehr hohe Ansprüche an die Loks, und die Entfernung zur vom Badenwerk zu errichtenden Schaltstelle Löffingen betrug nur 18 Kilometer.

Im Mai 1933 vergab die DRG-Hauptverwaltung an die Direktion Karlsruhe den Auftrag zur Elektrifizierung der Strecken Freiburg – Neustadt und Titisee – Seebrugg. Gleichzeitig wurden bei den Firmen AEG, BBC und SSW drei 50-Hertz-Lokomotiven der Baureihe E 244 bestellt, wenig später bei Krupp noch eine weitere Maschine. Alle vier Loks sollten das gleiche Betriebsprogramm erfüllen:

- Höchstgeschwindigkeit 85 km/h (zulässig auf Steigungen bis zu 25 Promille)
- Anhängelast auf der 55-Promille-Steilstrecke 180 t, bei Bergfahrt mit 60 km/h, bei Talfahrt mit 40 km/h
- Anhängelast auf der Steilstrecke mit Schiebelok maximal 320 t.

Im Fahrzeugteil waren die Versuchslokomotiven an die E 44 und die (ab 1938 so bezeichneten) E 44 506 bis 509 anzulehnen. Daher fertigte die AEG den Mechanteil der E 244 01 nach dem Muster der ebenfalls komplett von ihr hergestellten E 44 506 ff. (also ohne Vorbauten), während die anderen drei Maschinen im Fahrzeugteil weitgehend der SSW-Serienausführung der E 44 entsprachen. Den Mechanteil der BBC-Lok E 244 11 und der SSW-Lok E 244 21 fertigte Krauss-Maffei. Die von Krupp gebaute E 244 31 erhielt die Fahrmotoren und andere Teile der elektrischen Ausrüstung von der Aachener Firma Garbe, Lahmeyer & Co.

Die Elektrifizierungsarbeiten wurden schon im Herbst 1935 abgeschlossen, doch verzögerte sich die Auslieferung der Lokomotiven. Nach Probefahrten mit den im Januar und Februar 1936 eingetroffenen E 244 31 und E 244 21 begann am 18. Juni 1936 auf der Höllental- und Dreiseenbahn offiziell der elektrische Zugbetrieb. Hinzu kamen die im Juni 1936 gelieferte E 244 11 und schließlich im August 1936 die E 244 01. Die endgültige Abnahme der dem Bw Freiburg P zugewiesenen Maschinen erfolgte im Zeitraum Dezember 1936 (E 244 11) bis Dezember 1937 (E 244 01).

Konstruktive Merkmale

Gewisse Abweichungen der E 244 vom Fahrzeugteil der Serien-E 44 (bzw. der E 244 01 von den E 44 506 ff.) waren hauptsächlich durch die besondere elektrische Ausrüstung bedingt. Lüfter- und Fensteranordnung sowie Dächer und Dachhauben wurden unterschiedlich ausgeführt. Bei den E 244 21 und 31 wichen

Linke Seite der E 244 01, im Bild festgehalten am 20. Mai 1958 im Hauptbahnhof Freiburg (Breisgau). FOTO: J. CLAUS

Schnitte der AEG-Versuchslokomotive E 244 01 für 50 Hertz mit gittergesteuertem Quecksilberdampf-Gleichrichter. ZEICHNUNG: ARCHIV EJ

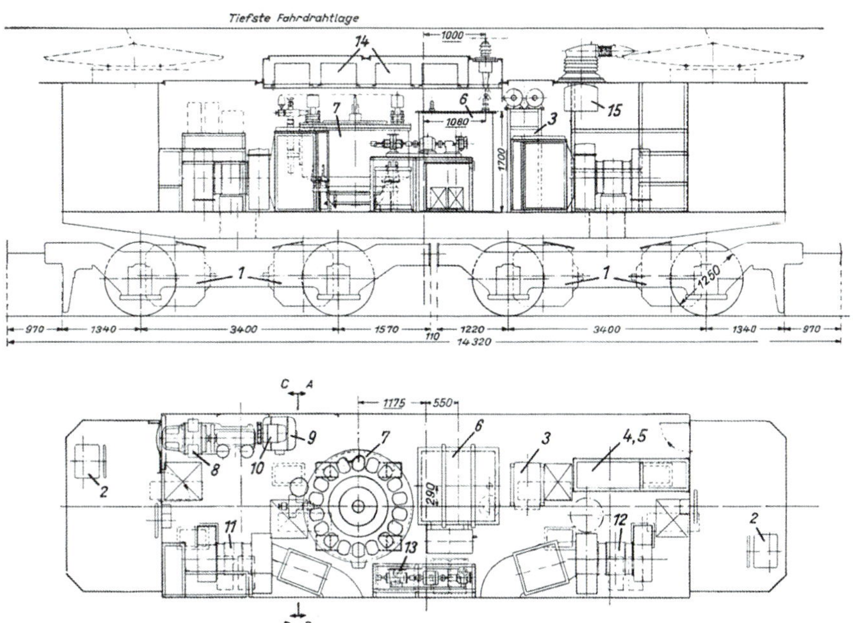

1 = Fahrmotoren
2 = Fahrschalter
3 = Nockenschaltwerk mit Drehreglern für Gittersteuerung
4 = Richtungswender
5 = Bremswender
6 = Umspanner
7 = Stromrichter
8 = Luftpumpenmotor
9 = Arno-Umformer
10 = Umformer f. Gittersteuerung
11 = Lüftermotor für zwei Fahrmotoren und Gleichrichterkühler
12 = Lüftermotor für zwei Fahrmotoren und Umspannerkühler
13 = Hilfsmaschinensatz f. Gleichrichterkühlmittelpumpe und Umspannerölpumpe
14 = Bremswiderstände
15 = Druckgasschalter

die Länge über Puffer und der Gesamtachsstand von den E 44 ab, bei der E 244 31 auch der Drehgestellachsstand.

Besondere Bedeutung kam wegen des starken Gefälles der Höllentalbahn natürlich den Bremsen zu. Für Steilstrecken zwingend vorgeschrieben war die mehrlösige selbsttätige Hildebrandt-Knorr-Bremse (Hikpbr). Außerdem besaßen die Loks eine nichtselbsttätige Henry-Bremse (Hnbr) sowie eine elektrische Bremse; Letztere in den E 244 01 und 21 als fremderregte Gleichstrom-Widerstandsbremse (FGW) ausgeführt, in der E 244 11 als eigenerregte Gleichstrom-Widerstandsbremse (EGW) und in der E 244 31 erstmalig in Deutschland als Nutzbremse mit Rückspeisung der beim Bremsvorgang gewonnenen Energie ins Netz.

Bevor nun knapp auf die unterschiedliche elektrische Ausrüstung einzugehen ist, sei ein gemeinsames Merkmal genannt: Wegen des engen Querschnitts der eingleisigen Tunnel der Höllentalbahn erhielten die E 244 Stromabnehmer einer HISE-Sonderbauart mit nur 1300 mm Wippenbreite (entsprechend war der Fahrleitungszickzack von +/- 500 mm auf +/- 200 mm verringert).

Gleichrichterlokomotive E 244 01

Als Hauptschalter diente ein AEG-Druckgasschalter vom Typ APB 104. Als Hauptumspanner kam ein Öltransformator mit getrennter Primär- und Sekundärwicklung zum Einbau. Der Wechselstrom aus der Fahrleitung wurde den Fahrmotoren über den Haupttrafo und einen gittergesteuerten Quecksilberdampf-Gleichrichter als welliger Gleichstrom zugeführt. Dieser Gleichrichter besaß eine Zündanode, 16 gittergesteuerte Hauptanoden und zwei Nullanoden. Zur Regelung der Gleichstromspannung wurde mittels der Gittersteuerung die Stromdurchgangszeit (Brenndauer) an den Anoden verkürzt oder verlängert.

Durch jeweils zweimaliges Durchsteuern der beiden Anodengruppen, die Umgruppierung der Fahrmotoren von Reihen- auf Parallelschaltung und die dreistufige Feldschwächung der Motoren ließen sich insgesamt sieben Dauerfahrstufen einstellen. Die Umschaltung der Fahrmotoren erfolgte durch ein handbetätigtes Nockenschaltwerk mit acht Nockenschaltern und angebauten Kurvenscheiben für den Drehregler der Gittersteuerung. Von den vier fremdbelüfteten Gleichstrom-Reihenschluss-Fahrmotoren (wie bei allen E 244 Tatzlagermotoren) waren jeweils zwei ständig in Reihe geschaltet.

Die elektrische Ausrüstung der E 244 11 lieferte BBC (19. Juli 1937). FOTO: H. MAEY/SLG. BORBE

Gleichrichterlokomotive E 244 11

Hier verwendete man als Hauptschalter den BBC-Einheitsölschalter des Typs BO. Dieser legte den Strom aus dem Fahrdraht auf einen ölgekühlten Haupttransformator mit besonderer Regelwicklung für die Hochspannungssteuerung. Sekundärseitig waren zehn Anoden des Quecksilberdampf-Gleichrichters angeschlossen, an einer besonderen Hilfswicklung die Hilfsanoden.

Die Steuerung der Fahrmotoren erfolgte durch das servomotorisch betriebene 28-stufige Hochspannungsschaltwerk auf der Wechselstromseite, also vor der Gleichrichtung. Somit musste man in den Gleichstrommotorkreisen nur Richtungs- und Bremsschaltungen vornehmen. Auch in der E 244 11 waren von den vier fremdbelüfteten Gleichstrom-Reihenschluss-Fahrmotoren je zwei ständig in Reihe geschaltet.

1 = Achsdruckausgleichvorrichtung
2 = Motorluftpumpe
3 = Tatzenmotor
4 = Stromabnehmer
5 = Lüftersätze
6 = Gleichrichter
7 = Kühlwasser- und Vorvakuumpumpe
8 = Spannungswandler
9 = Hauptschalter
10 = Öl- und Wasserkühler
11a = Umspanner
11b = Hochspannungssteuerung
11c = Funkenschalter
12 = Glättungsdrossel
13a = Bremsmaschine
13b = Bremswender mit Getriebe
14 = Luftbehälter
15 = Batterie
16 = Führerbremsventil
18 = Bremsluftfilter
19 = Geräteschrank
20 = Apparateschrank
21 = Überschaltwiderstand
22 = Relaiskasten
23 = Gleichrichterapparate
24 = Apparategerüst
25 = Lichtgenerator
26 = Ölumwälzpumpe
27 = Motorkabel-Anschlußkasten
28 = Bodenklappen
29 = Deckel der Motorgetriebe
30 = Heizkupplung

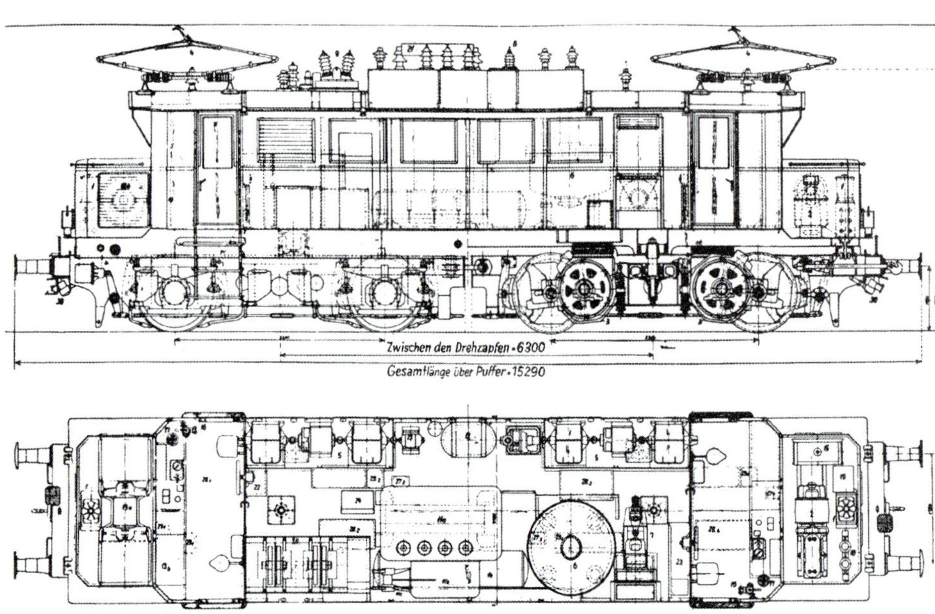

E 244 21 mit Wechselstrommotoren

Bei dieser Lokomotive entsprach der Hauptstromlauf dem der Einphasenwechselstromloks für 16 2/3 Hertz. Als Hauptschalter diente der SSW-Expansionsschalter des Typs R 618. Als Hauptumspanner verwendete man einen ölgekühlten Manteltransformator in Sparschaltung. Wie in den Serien-E 44 war eine mechanisch betätigte Feinreglersteuerung eingebaut, d. h. ein handbetätigtes Nockenschaltwerk mit 14 Dauerfahrstufen und Kollektor-Feinsteller mit Zusatztransformator.

Wegen der höheren Frequenz waren vor allem an den Fahrmotoren beträchtliche Änderungen nötig, um die weit schwierigeren Kommutierungsverhältnisse zu beherrschen und so die übermäßige Funkenbildung zu vermeiden. Man musste die Kommutatoren verbreitern, die Bürstenanzahl wesentlich erhöhen und die größtmögliche Polzahl

Die E 244 11 ist am 20. Mai 1959 bei Neustadt-Hölzlebruck mit dem P 1558 nach Freiburg (Breisgau) unterwegs.
Ganz oben: E 244 21 mit P 1557 bei Neustadt (Mai 1959). FOTOS: DR. BRÜNING (2)

Linke Seite unten: BBC-Versuchslokomotive E 244 11. ZEICHNUNG: ARCHIV EJ

Die E 244 21 besaß acht Fahrmotoren mit insgesamt 448 Bürsten (19. Juli 1937). Foto: C. Bellingrodt/Slg. Borbe

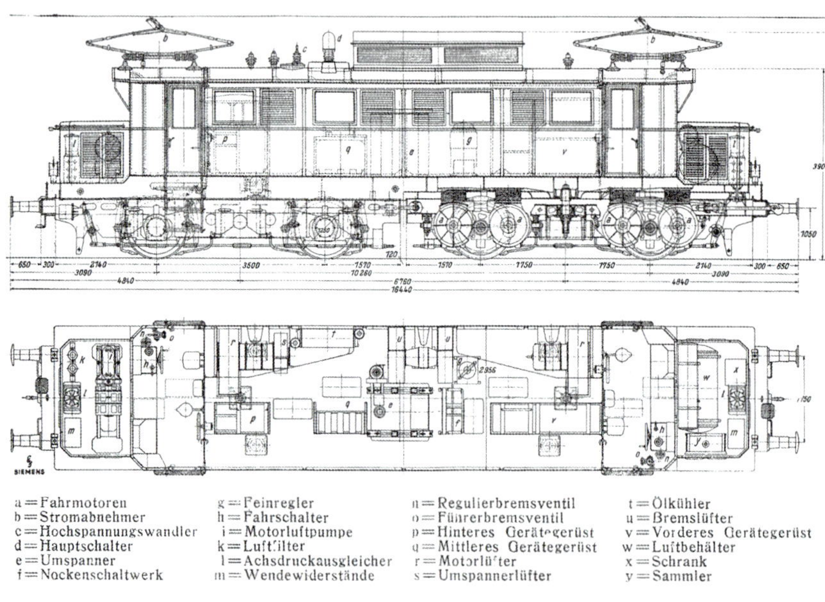

Seitenansicht und Grundriss der Siemens-Versuchslok E 244 21. Zeichnung: Archiv EJ

wählen. Andererseits musste man die Leistung je Motor bedeutend verringern, um die Einzelbeanspruchungen in Grenzen zu halten. Deshalb wurden je Treibachse zwei 14-polige Wechselstrom-Reihenschlussmotoren eingebaut, die paarweise ständig in Reihe geschaltet waren. Jeder Fahrmotor besaß 56 Bürsten, so dass sich bei acht Motoren die Gesamtzahl von 448 Bürsten ergab! Betrieblich hat sich diese Lösung bewährt, sie erforderte aber einen immens hohen Instandhaltungsaufwand.

Phasenspalterlok E 244 31

Den Expansionsschalter des SSW-Typs R 618 erhielt auch diese Lok, als Haupttrafo bekam sie einen Öltransformator in Kernbauart. Sekundärseitig wies dieser Umspanner nur drei Anzapfungen auf: eine für die Motoren der Nebenbetriebe, eine für die Fahrmotoren und die erste Heizstufe und eine für die zweite Heizstufe.

Die Steuerung erfolgte durch ein servomotorisch betriebenes Nockenschaltwerk für drei Fahrstufen und acht in zwei Gruppen zusammengefasste Wasserwiderstände zum Anfahren und allmählichen Stufenwechsel. Der Clou war das Umformersystem, bei dem der Einphasenstrom in Fahrmotoren mit Zwischenläufern zu Drehstrom aufgespalten wurde.

Auf jeder Achse war ein sechspoliger kompensierterEinphasen-Induktionsmotor („Phasenspaltermotor") und ein vierpoliger Drehstrom-Asynchronmotor angeordnet. Beide Motoren hatten weder Kommutator noch Bürsten. Die Lokomotiven ließen sich in drei Schaltzuständen betreiben:

- In Fahrstufe 1 trieben beide Motoren in Kaskadenschaltung die Achse an, dabei konnte eine Geschwindigkeit von 34,7 km/h erreicht werden.
- In Fahrstufe 2 arbeitete nur der Einphasenmotor; die erreichbare Geschwindigkeit betrug 59,4 km/h.

E 244 31 mit P 1573 im Bahnhof Höllsteig (18. Juli 1937).
FOTO: C. BELLINGRODT/SLG. GERHARD

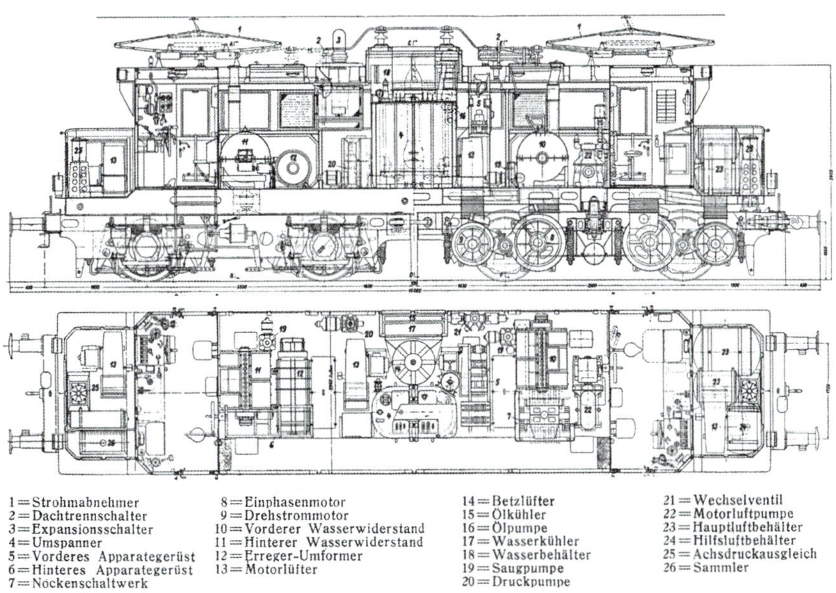

Garbe, Lahmeyer & Co. (Aachen) lieferte die elektrische Ausrüstung der E 244 31. ZEICHNUNG: ARCHIV EJ

• In Fahrstufe 3 wirkte der Einphasenmotor lediglich als den Drehstrom liefernder Phasenspalter und nur der Drehstrommotor auf den Tatzantrieb; dabei ließen sich 83,3 km/h erzielen.

Nach Aufnahme des elektrischen Betriebs auf der Höllental- und Dreiseenbahn im Juni 1936 blieben die Fahrzeiten noch für die Dampflokomotiven der Baureihe 85 ausgelegt, denn die E 244 liefen zunächst in deren Dienstplänen mit. Ab 1937 sah man aber bei den Eilzügen weitgehend Elektrotraktion vor und kürzte dementsprechend die Fahrzeiten. Übrigens galt zunächst für die E 244 wie für die 85er auf der 55-Promille-Rampe eine Grenzlast von 180 t, doch konnten die Elloks hier 60 km/h, die Dampfloks dagegen nur 23 km/h Beharrungsgeschwindigkeit erreichen. Freilich zeigte sich in der Praxis, dass bei ungünstigem Schienenzustand der Haftwert (also die Reibungsgrenze) überschritten wurde. Man setzte deshalb die Grenzlasten für beide Traktionsarten auf 160 t herab.

Dampf- und Elloks gemischt

Schwerere Züge mussten mit zwei oder gar drei Lokomotiven befördert werden. Wenn man gerade bei schweren Zügen auf die 85er zurückgriff, so mag dabei deren höheres Reibungsgewicht eine Rolle gespielt haben. Allerdings blieb bei Mehrfachbespannung auch gar nichts anderes übrig. Der Bestand an E 244 reichte nicht aus. Und obwohl die „Mischtraktion“ mit Dampf- und Elloks wegen deren unterschiedlichen Fahrverhaltens vermieden werden sollte, schoben manchmal 85er mit Elloks bespannte Züge nach.

Nicht zuletzt aufgrund der verschiedenartigen elektrischen Ausrüstung mussten schadhaft gewordene E 244 oft lange auf Ersatzteile warten. Zeitweilig war

Ravennaviadukt: Der von einer fabrikneuen E 244 gezogene Reisezug wird von einer Dampflok der Baureihe 85 nachgeschoben. Foto: RVM/Slg. Gerhard

Die mit Baugruppen der kriegsbeschädigten E 44 005 aufgebaute E 244 22 wurde 1952 mit dem P 1565 bei Titisee fotografiert. Foto: C. Bellingrodt/Slg. Schröpfer

die Einsatzbereitschaft der Loks daher sehr gering, am besten bewährte sich die E 244 21. Insgesamt bezeichneten das Reichsbahnzentralamt München und die RBD Karlsruhe den Großversuch nach fünf Jahren zwar als Erfolg, mochten die generelle Anwendung des 50-Hz-Systems in Deutschland aber nicht empfehlen. Nach einem Bombenangriff auf das Unterwerk Titisee kam der elektrische Zugbetrieb Ende Februar 1945 zum Erliegen. Zudem war die Höllentalbahn infolge Sprengung des Ravennaviadukts durch die Wehrmacht ab 23. April 1945 unterbrochen. Im Herbst 1945 konnte der elektrische Betrieb zwischen Hinterzarten und Neustadt sowie auf der Dreiseenbahn erneut aufgenommen werden, nach dem Wiederaufbau des Ravennaviadukts am 23. Dezember 1947 auch durchgehend zwischen Freiburg und Neustadt.

Nachzüglerin E 244 22

Auf Wunsch der am 50-Hz-Versuchsbetrieb höchst interessierten französischen Besatzungsmacht (die SNCF tendierte zum Landesstrom!) gesellte sich im November 1950 zu den vier E 244 noch eine fünfte hinzu: die unter Verwendung von Baugruppen der kriegsbeschädigten E 44 005 im Bw Basel aufgebaute und von AEG elek-

E 244 11 mit E 586 (Stuttgart – Freiburg) kurz vor der Einfahrt in den Ravennatunnel (11. Mai 1960). FOTO: U. MONTFORT

Rechts oben: Die 1950 fertiggestellte E 244 22 präsentiert sich 1954 im Bahnhof Titisee mit Räumblechen an den Drehgestellen.
FOTO: DR. SCHEINGRABER/SLG. SCHRÖPFER

trisch ausgerüstete E 244 22. Als Hauptschalter diente ebenso wie in der E 244 01 ein Druckgasschalter vom Typ APB 104. Der Hauptumspanner war auf dem Kern eines vorhandenen 16 ²/₃-Hz-Transformators aufgebaut. Die Steuerung der Fahrmotoren erfolgte über das handbetätigte Nockenschaltwerk mit Kollektor-Feinsteller für 15 Dauerfahrstufen. Im als Wandernockenschaltwerk ausgeführten Feinsteller bewirkten wandernde Kontakte die Fahrstufenschaltung ohne Leistungsunterbrechung.

Die E 244 22 erhielt von der AEG entwickelte 50-Hz-Tandemmotoren mit jeweils zwei auf einer Welle in einem gemeinsamen Gehäuse angeordneten Motorankern. Beide Anker waren ständig in

Kenndaten der E 244

	E 244 01	E 244 11	E 244 21	E 244 22	E 244 31
Hersteller E-Teil/Mechanteil	AEG	BBC/Krauss-Maffei	SSW/Krauss-Maffei	AEG/U aus E 44 005	Lahm./Krupp
Achsanordnung	Bo'Bo'	Bo'Bo'	Bo'Bo'	Bo'Bo'	Bo'Bo'
Höchstgeschwindigkeit	85 km/h	85 km/h	85 km/h	80 km/h	83,5 km/h
Stundenleistung	2000 kW (57 km/h)	2400 kW (71 km/h)	2060 kW (70 km/h)	2600 kW (75 km/h)	2020 kW (80 km/h)
Dauerleistung	1720 kW (58,5 km/h)	2340 kW (72 km/h)	1940 kW (73,5 km/h)	2460 kW (78,5 km/h)	1920 kW (80 km/h)
Anfahrzugkraft	235 kN	235 kN	235 kN	255 kN	235 kN
Treibraddurchmesser (neu)	1250 mm	1250 mm	1250 mm	1250 mm	1250 mm
Länge über Puffer	14300 mm	15290 mm	16440 mm	15290 mm	15080 mm
Gesamtachsstand	9700 mm	9800 mm	10260 mm	9800 mm	9980 mm
Dienstgewicht = Reibungsgewicht	85,0 t	84,6 t	84,8 t	84,0 t	83,0 t
Transformator Bauart	OFA	OFA	OFA	OFA	OFA
Dauerleistung	2160 kVA	1980 kVA	1720 kVA	2720 kVA	1900 kVA
Fahrmotoren Anzahl	4	4	4 x 2	4 Doppel (Tandem)	4+4
Typ	UZ 2751	GRDTM 743	WBM 196	EKB 750	EM 268/DM 268
größte Spannung	1700 V	800 V	270 V	470 V	800 V
Art des Antriebs	Tatzlager	Tatzlager	Tatzlager	Tatzlager	Tatzlager
Übersetzung d. Zahnradgetriebes	18:81	22:79	15:88	18:85	EM 18:114/DM 30:114
Bremse	Hikpbr/Hnbr	Hikpbr/Hnbr	Hikpbr/Hnbr	Hikpbr/Hnbr	Hikpbr/Hnbr
elektrische Bremse	FGW (fahrdrahtabhängig)	EGW	FGW (fahrdrahtunabh.)	FGW (fahrdrahtunabh.)	Nutzbremse
Beschaffungspreis	355330 Reichsmark	345300 Reichsmark	360800 Reichsmark	k.A.	324400 Reichsmark

Quellen
Merkbuch der Deutschen Reichsbahn von 1941; bei E 244 11 Gesamtachsstand korrigiert;
Angaben für E 244 22 laut Bäzold/Fiebig: Deutsches Lok-Archiv Elektrische Lokomotiven, 7. Auflage 1992
Typenangaben der Fahrmotoren laut Werner Streil (in: Baureihe 111, GeraMond Verlag 2014)

Abkürzungen
Lahm. = Garbe, Lahmeyer & Co., Aachen
OFA = Ölumspanner mit Ölumlauf und äußerer Fremdlüftung
Hikpbr = Hildebrand-Knorr-Bremse für Personenzüge

Reihe geschaltet. Durch die gegenüber einem normalen 16²/₃-Hz-Motor verringerte aktive Eisenbreite erzielte man gleich günstige Kommutierungseigenschaften wie bei 16²/₃ Hertz.

Die fünf E 244 blieben bis 1960 im Einsatz, ebenso der 1950 auf Basis eines ET 25 entstandene 50-Hz-Triebwagen ET 255 01. Das Ende des Großversuchs zeichnete sich allerdings schon ab, als 1955–57 die Strecke Basel–Karlsruhe mit 15 kV 16²/₃ Hz elektrifiziert wurde. Die von nun an erforderliche Systemtrennstelle im Freiburger Hauptbahnhof erschwerte den Betrieb. Außerdem war es unwirtschaftlich, neben dem für die Bahnstromversorgung der Rheintalstrecke in Freiburg errichteten Unterwerk noch das 50-Hz-Unterwerk in Titisee beizubehalten. Daher stellte die DB in der Nacht vom 19. auf den 20. Mai 1960 die Höllental- und Dreiseenbahn von 20 kV 50 Hz auf das allgemein übliche System 15 kV 16²/₃ Hz um.

Die E 244 01 und 21 wurden im Juli 1960 ausgemustert, im Januar 1961 auch die E 244 31. Den Brückenrahmen und die Drehgestelle der E 244 21 verwendete man zum Bau der Zweifrequenzlokomotive E 344 01. Die E 244 11 und 22 wurden in die E 44 188 und 189 umgebaut, die Tandemmotoren der E 244 22 fanden in der E 344 01 weitere Verwendung. Die E 244 31, als einzige deutsche „Phasenspalterlokomotive" historisch wertvoll, ist erhalten geblieben; sie gehört der TU Karlsruhe und befindet sich heute in der Obhut des Vereins „Historische Eisenbahn Mannheim". ■

Die E 244 11 erhält am 16. April 1960 mit E 587 nach Ulm Schubhilfe von der 85 002 (fotografiert unterhalb von Hinterzarten). FOTO: H. RÖTH

Die Museumslok E 244 31 war im Mai 1979 im AW München-Freimann ausgestellt. FOTO: TH. ALLGAIER/SLG. HUND

Dem Schneidbrenner entgangen

Vertreterinnen aller E 44-Serienbauarten sind museal erhalten geblieben, dazu auch die Urahnin E 44 001. Sonderzüge können heute allerdings nur noch mit der E 44 044 bespannt werden

Bis 2001 war die E 44 046 betriebsfähig. Heute kann sie auf dem Museumsgleis 24 im Hauptbahnhof Leipzig besichtigt werden.
FOTO: V. EMERSLEBEN

E 44 001 und E 44 508 waren im Oktober 1985 in Bochum-Dahlhausen ausgestellt. FOTO: W. WÖLKE

Mitte: Im Schuppen des Bw Lichtenfels werden Loks des DB Museums aufbewahrt. E 17 103, E 44 001, 110 002 und E 44 119 stehen an der Drehscheibe (16. September 2006). FOTO: J. HUND

Unten: 244-Trio: 244 103, 105 und 143 am 19. Mai 2012 im Bw Weimar. FOTO: TH. WOHLFARTH

Schon 1977 nahm die DB zwei E 44 in ihr Museumsprogramm auf: als Urahnin die 144 001 und als Vertreterin der Serienloks die am 22. Februar 1979 z-gestellte, aber erst am 30. Juli 1981 ausgemusterte 144 002, beide zuletzt Bw Garmisch. Die E 44 001 wurde zum Jubiläum „150 Jahre deutsche Eisenbahnen" im AW München-Freimann rollfähig hergerichtet und im Herbst 1985 auf der Fahrzeugschau in Bochum-Dahlhausen ausgestellt. Mehrjährige Standorte der Lok waren das DGEG-Museum Neustadt/Weinstraße, das DDM in Neuenmarkt/Oberfranken und das ehemalige Bw Lichtenfels. Seit April 2016 steht die E 44 001 auf dem Freigelände des DB Museums in Nürnberg.

Die E 44 002 bereicherte, frisch hauptuntersucht, am 21./22. Juli 1984 in Würzburg das Fest zum Abschied von den Baureihen E 18 und E 44. Im September 1985 nahm sie an den Nürnberger Jubiläumsparaden teil. Bis 1988 beförderte die im Bw Stuttgart von der „BSW-Freizeitgruppe E 44 002" betreute Maschine viele Sonderzüge auch im Rahmen des DB-Nostalgiefahrtenprogramms. Seit 1990 signifikant weniger eingesetzt, wurde sie wegen Fristablauf im Juli 1996 abgestellt und schließlich im März 2001 zur Außenstelle des DB Museums in Koblenz-Lützel überführt. Noch bis Februar 2001 betriebsfähig blieb die seit 1984 von der „BSW-Freizeitgruppe E 44 119" in Lichtenfels betreute Lokomotive, von 1988 bis 1997 lief die E 44 119 monatlich an bestimmten Tagen im Frankenwald und Coburger Land im Planverkehr.

Bei der DR erhielt die 244 046 des Bw Leipzig Hbf West 1980 den Status einer be-

Erhaltene E 44 (Stand 1. September 2016)

Lok	Anschrift	Status	Eigentümer	Standort
E 44 001	E 44 001	Museumslok	DB Museum	DB Museum Nürnberg, Freigelände
E 44 002	E 44 002	Museumslok	DB Museum	DB Museum Koblenz-Lützel
E 44 044	244 044-4	Museumslok*	DB	Werk Dessau (* intern Werklok 5), betriebsfähig
E 44 045	E 44 045	Museumslok	SEM Chemnitz	Sächsisches Eisenbahnmuseum Chemnitz-Hilbersdorf
E 44 046	E 44 046	Museumslok	DB Museum	Leipzig Hbf Gleis 24
E 44 049	244 049-3	Museumslok	Bernd Falz	Falkenberg (Elster)
E 44 051	244 051-9	Museumslok	Deutsches Museum	Lokwelt Freilassing
E 44 059	144 059-3	Ersatzteilspender	DB Museum	Leihgabe an Pfalzbahn, Worms (nicht zugänglich)
E 44 084	144 081-7 **	Museumslok	DB Museum	Eisenbahn-Erlebniswelt Horb/Neckar (** Anschrift falsch)
E 44 103	244 103-8	Museumslok	DB Museum	Leihgabe an TEV, Eisenbahnmuseum Weimar
E 44 105	244 105-3	Museumslok	TEV Weimar	Eisenbahnmuseum Weimar
E 44 108	E 44 108	Museumslok	DB Museum	DB Museum Halle/Saale
E 44 119	E 44 119	Museumslok	DB Museum	Depot Lichtenfels
E 44 131	244 131-9	Museumslok	DTM Berlin	Deutsches Technikmuseum Berlin
E 44 137	244 137-6	Museumslok	Franz Seidl	Süddeutsches Eisenbahnmuseum Heilbronn, bis 2014 Fortezza (I)
E 44 139	244 139-2	Museumslok	L. Guttwein	Eisenbahn- und Technikmuseum Prora
E 44 143	E 44 143	Museumslok	H. Wiebe	Historischer Lokschuppen Wittenberge
E 44 146	244 146-7	Museumslok	Privat	Weimar
E 44 148	244 148-3	Museumslok	Bernd Falz	Dampflokmuseum Hermeskeil
E 44 150	E 44 150	Museumslok	DGEG	Eisenbahnmuseum Neustadt/Weinstraße
E 44 1170	E 44 1170	Museumslok	DB Museum	IG 3 Seenbahn, Seebrugg
E 44 1180	145 180-6	Ersatzteilspender	DB Museum	Leihgabe an Pfalzbahn, Worms (nicht zugänglich)
E 44 502	144 502-2	Denkmallok	Stadt Freilassing	Freilassing
E 44 507	E 44 507	Museumslok	DB Museum	Leihgabe an TEV, Eisenbahnmuseum Weimar
E 44 508	144 508-9	Museumslok	DB Museum	Lokwelt Freilassing
E 244 31	E 244 31	Museumslok	TU Karlsruhe	Historische Eisenbahn Mannheim

Zusammengestellt von Joachim Hund

triebsfähigen Traditionslokomotive, 1994 wurde sie vom DB Museum übernommen. Im Dezember 2001 absolvierte die 1984 weitgehend in den Zustand der Jahre 1958 bis 1961 versetzte E 44 046 ihre letzte Sonderfahrt. Seit Sommer 2005 steht sie (betreut von der BSW-Gruppe „Historische Ellok“ beim Bw Leipzig Hbf West) auf dem Museumsgleis 24 im Leipziger Hauptbahnhof. Ebenfalls betriebsfähig kam die bis Dezember 1994 noch als 144 103 des Bh Rostock im Bestand der DB AG geführte E 44 103 in den Fahrzeugpark des DB Museums. Sie musste 1998 schadhaft abgestellt werden. Im Mai 2004 rollte die leihweise dem Thüringer Eisenbahnverein überlassene Lok im Schlepp der E 44 044 von Schwerin nach Weimar.

Die beim Bw Rostock als 244 044 zuletzt u.a. für Heizdienste verwendete

Die mit Widerstandsbremse ausgestattete E 44 1170 gehört dem DB Museum. Im Südwestfälischen Eisenbahnmuseum im ehemaligen Bw Siegen wurde sie am 12. April 2009 auf der Drehscheibe abgelichtet. FOTO: J. HUND

E 44 044 gehört seit 1990 dem Raw respektive DB-Instandhaltungswerk Dessau. Seit Dezember 2001 ist die vom „Förderverein Historische Elektrische Lokomotiven“ gepflegte Maschine die einzige betriebsfähige E 44 mit Streckenzulassung. Am 5. Dezember 2013 bespannte sie einen Sonderzug anlässlich der Aufnahme des elektrischen Betriebs zwischen Plauen und Hof. ■

Elektrisch bis Hof: 243 005 und E 44 044 treffen in Hof ein (5. Dezember 2013). FOTO: ST. WINKLER

Ganz oben: Der Eisenbahnclub Selb kümmerte sich viele Jahre lang um die E 44 508. Am 21. Juni 2008 schleppte 218 391 (DBG) die Maschine nach Freilassing, wo sie in der „Lokwelt Freilassing“ eine neue Heimat gefunden hat (bei Pfreimd). FOTO: P. PFISTER

Die 244 103 kam im Mai 1997 bei Dreharbeiten zur ARD-Jugendserie „Tanja“ in Warnemünde zum Einsatz. FOTO: V. EMERSLEBEN

Fahrzeugstatistik

Baureihe E 44 (144 DB, 244 DR)

Lok-nummer	Hersteller	Fabrik-Nr.[1]	Anlieferung	erstes Bw	letztes Bw	ausge-mustert	letzte Loknummer
E 44 001	SSW[2]	2744	26.08.30	Magdeburg-Rothensee[3]			
			10.05.32	München Hbf	Garmisch	28.09.78	144 001[*]
E 44 002	Hen/SSW	22132/2805	30.05.33	München Hbf	Garmisch	30.07.81	144 002[*]
E 44 003	Hen/SSW	22133/2806	02.06.33	München Hbf	Garmisch	06.10.45	E 44 003[k]
E 44 004	Hen/SSW	22134/2807	16.06.33	München Hbf	Stuttgart	25.09.83	144 004
E 44 005	Hen/SSW	22135/2808	06.33	München Hbf	München Hbf	15.09.43	E 44 005[k]
E 44 006	Hen/SSW	22136/2809	07.33	München Hbf	Garmisch	29.11.77	144 006
E 44 007	Hen/SSW	22137/2810	07.33	München Hbf	München Hbf	10.04.43	E 44 007[k]
E 44 008	Hen/SSW	22138/2811	15.08.33	München Hbf	Stuttgart	30.11.78	144 008
E 44 009	Hen/SSW	22139/2812	12.09.33	München Hbf	Stuttgart	25.09.83	144 009
E 44 010	Hen/SSW	22117/2793	22.03.33	Stg.-Rosenstein	Stuttgart	30.11.83	144 010
E 44 011	Hen/SSW	22118/2794	22.03.33	Stg.-Rosenstein	Stuttgart	29.01.81	144 011
E 44 012	Hen/SSW	22119/2795	03.33	Stg.-Rosenstein	Stuttgart	30.03.78	144 012
E 44 013	Hen/SSW	22120/2796	16.03.33	Stg.-Rosenstein	Stuttgart	25.09.83	144 013
E 44 014	Hen/SSW	22121/2797	25.03.33	Stg.-Rosenstein	Stuttgart	25.09.83	144 014
E 44 015	Hen/SSW	22122/2798	12.04.33	Stg.-Rosenstein	Stuttgart	30.08.79	144 015
E 44 016	Hen/SSW	22123/2799	25.04.33	Stg.-Rosenstein	Stuttgart	30.11.83	144 016
E 44 017	Hen/SSW	22124/2800	11.05.33	Stg.-Rosenstein	Würzburg	30.11.83	144 017
E 44 018	Hen/SSW	22125/2801	19.05.33	Stg.-Rosenstein	Stuttgart	30.11.83	144 018
E 44 019	Hen/SSW	22126/2802	18.05.33	Stg.-Rosenstein	Stuttgart	28.09.78	144 019
E 44 020	Hen/SSW	22130/2803	22.05.33	Stg.-Rosenstein	Stuttgart	30.11.78	144 020
E 44 021	Hen/SSW	22131/2804	05.33	Stg.-Rosenstein	Würzburg	31.07.84	144 021
E 44 022	KM/SSW	15468/2976	07.34	Stg.-Rosenstein	Stuttgart	30.11.83	144 022
E 44 023	KM/SSW	15469/2977	07.34	Stg.-Rosenstein	Stuttgart	30.11.83	144 023
E 44 024	KM/SSW	15470/2978	08.34	München Hbf	Stuttgart	30.11.83	144 024
E 44 025	KM/SSW	15471/2979	31.08.34	München Hbf	Rosenheim	25.09.83	144 025
E 44 026	KM/SSW	15472/2980	09.34	München Hbf	München Hbf	10.04.43	E 44 026[k]
E 44 027	KM/SSW	15473/2981	21.09.34	München Hbf	Garmisch	30.11.78	144 027
E 44 028	KM/SSW	15474/2982	27.09.34	München Hbf	Rosenheim	29.09.77	144 028
E 44 029	KM/SSW	15475/2983	17.10.34	München Hbf	Rosenheim	25.09.83	144 029
E 44 030	KM/SSW	15476/2984	07.11.34	Augsburg	Weißenfels	30.09.81	244 030
E 44 031	KM/SSW	15477/2985	27.11.34	Augsburg	Leipzig-Wahren	z 09.06.89	244 031[z]
E 44 032	KM/SSW	15478/2986	10.01.35	Augsburg	Stuttgart	30.11.83	144 032
E 44 033	KM/SSW	15479/2987	17.01.35	Augsburg	Saalfeld/S.	25.11.46	E 44 033[k]
E 44 034	KM/SSW	15480/2988	12.02.35	Augsburg	Stuttgart	30.11.83	144 034
E 44 035	KM/SSW	15481/2989	05.03.35	Nürnberg Rbf	Stuttgart	30.11.83	144 035
E 44 036	KM/SSW	15482/2990	11.03.35	Nürnberg Rbf	Garmisch	29.09.77	144 036
E 44 037	KM/SSW	15483/2991	18.04.35	Nürnberg Rbf	Würzburg	30.11.82	144 037
E 44 038	KM/SSW	15484/2992	11.05.35	Nürnberg Rbf	Stuttgart	26.08.76	144 038
E 44 039	KM/SSW	15485/2993	31.05.35	Nürnberg Rbf	Würzburg	31.07.84	144 039[**]
E 44 040	KM/SSW	15507/3044	08.07.35	Nürnberg Rbf	Würzburg	30.11.83	144 040
E 44 041	KM/SSW	15508/3045	26.09.35	München Hbf	Saalfeld/S.	25.11.46	E 44 041[k]
E 44 042	KM/SSW	15509/3047	30.10.35	München Hbf	Leipzig West	29.01.73	244 042[u]
E 44 043	KM/SSW	15546/3110	01.04.36	Hirschberg	Würzburg	30.11.83	144 043
E 44 044	KM/SSW	15547/3097	07.04.36	Hirschberg	Rostock	17.02.89	244 044[*]
E 44 045	KM/SSW	15548/3098	27.04.36	Hirschberg	Leipzig West	01.11.89	244 045[*]
E 44 046	KM/SSW	15549/3099	11.05.36	Hirschberg	Leipzig West	31.12.91	244 046[*]
E 44 047	KM/SSW	15550/3100	05.06.36	Hirschberg	Breslau Frb.Bf	09.46	E 44 047[s]
E 44 048	KM/SSW	15551/3101	22.06.36	Hirschberg	Erfurt	08.11.90	244 048
E 44 049	KM/SSW	15552/3102	09.07.36	Hirschberg	Halle P	24.07.79	244 049[*]
E 44 050	KM/SSW	15553/3103	24.07.36	Hirschberg	Würzburg	30.11.83	144 050
E 44 051	KM/SSW	15554/3104	04.08.36	Halle/S.	Leipzig West	26.07.91	244 051[*]
E 44 052	KM/SSW	15555/3105	01.09.36	Halle/S.	Leipzig-Wahren	01.11.70	E 44 052[u]
E 44 053	KM/SSW	15556/3106	23.09.36	Halle/S.	Leipzig West	10.05.61	E 44 053[u]
E 44 054	KM/SSW	15557/3107	07.10.36	Halle/S.	Leipzig West	17.07.88	244 054
E 44 055	KM/SSW	15558/3108	31.10.36	Halle/S.	Halle P	09.46	E 44 055[s]
E 44 056	KM/SSW	15559/3109	17.12.36	Halle/S.	Stuttgart	30.11.83	144 056
E 44 057	KM/SSW	15567/3187	05.03.37	Augsburg	Stuttgart	25.09.83	144 057
E 44 058	KM/SSW	15568/3188	16.03.37	Augsburg	Stuttgart	25.01.79	144 058
E 44 059	KM/SSW	15569/3189	30.03.37	München Ost	Würzburg	29.02.84	144 059[*]
E 44 060	KM/SSW	15570/3190	12.04.37	München Ost	Garmisch	26.07.79	144 060
E 44 061	KM/SSW	15571/3191	26.04.37	Nürnberg Rbf	Nürnberg Rbf	29.12.45	E 44 061[k]
E 44 062	KM/SSW	15572/3192	14.05.37	Nürnberg Rbf	Würzburg	27.05.82	144 062
E 44 063	KM/SSW	15587/3193	20.07.37	Augsburg	Leipzig West	01.11.78	244 063
E 44 064	KM/SSW	15588/3194	16.08.37	Treuchtlingen	Würzburg	30.11.83	144 064
E 44 065	KM/SSW	15589/3195	16.09.37	Nürnberg Rbf	Garmisch	24.11.77	144 065
E 44 066	KM/SSW	15603/3221	06.10.37	Augsburg	Würzburg	30.11.83	144 066
E 44 067	KM/SSW	15604/3222	22.10.37	Augsburg	Augsburg	08.45	E 44 067[k]
E 44 068	KM/SSW	15605/3223	27.11.37	Halle/S.	Halle P	25.04.80	244 068
E 44 069	KM/SSW	15606/3224	06.12.37	Halle/S.	Halle P	10.11.86	244 069
E 44 070	KM/SSW	15607/3225	16.12.37	Freilassing	Würzburg	31.07.84	144 070
E 44 071	KM/SSW	15608/3226	14.01.38	Freilassing	Stuttgart	25.09.83	144 071
E 44 072	KM/SSW	15609/3227	04.02.38	Stg.-Rosenstein	Weißenfels	04.46	E 44 072[s]
E 44 073	KM/SSW	15610/3228	16.03.38	Stg.-Rosenstein	Leipzig West	31.05.74	244 073
E 44 074	KM/SSW	15636/3332	02.05.38	Augsburg	Saalfeld/S.	25.11.46	E 44 074[k]
E 44 075	KM/SSW	15637/3333	27.05.38	München Ost	Würzburg	31.07.84	144 075
E 44 076	KM/SSW	15638/3334	04.07.38	München Ost	Stuttgart	30.11.83	144 076
E 44 077	KM/SSW	15639/3335	20.07.38	München Hbf	Stuttgart	25.09.83	144 077
E 44 078	KM/SSW	15640/3336	04.07.38	München Hbf	Rosenheim	25.09.83	144 078
E 44 079	KM/SSW	15641/3337	27.08.38	München Ost	Stuttgart	27.10.77	144 079
E 44 080	KM/SSW	15642/3338	10.09.38	Stg.-Rosenstein	Stuttgart	25.09.83	144 080
E 44 081	KM/SSW	15643/3339	22.10.38	Stg.-Rosenstein	Stuttgart	30.09.84	144 081
E 44 082	KM/SSW	15648/3415	14.09.39	München Hbf	Würzburg	30.11.82	144 082
E 44 083	KM/SSW	15649/3416	12.12.38	Nürnberg Rbf	Würzburg	28.09.78	144 083
E 44 084	KM/SSW	15650/3417	19.12.38	München Hbf	Würzburg	31.07.84	144 084[*]
E 44 085	KM/SSW	15651/3418	09.01.39	München Hbf	Würzburg	31.07.84	144 085
E 44 086	KM/SSW	15652/3419	09.02.39	München Hbf	Rosenheim	25.09.83	144 086
E 44 087	KM/SSW	15653/3420	01.03.39	Bamberg	Rosenheim	28.09.78	144 087
E 44 088	KM/SSW	15654/3421	30.03.39	Bamberg	Rosenheim	25.09.83	144 088
E 44 089	KM/SSW	15655/3422	21.04.39	Bamberg	Rosenheim	30.11.82	144 089
E 44 090	KM/SSW	15656/3423	10.05.39	Bamberg	Rosenheim	26.07.79	144 090
E 44 091	KM/SSW	15657/3424	01.06.39	München Hbf	Rosenheim	25.09.83	144 091
E 44 092	KM/SSW	15658/3425	20.06.39	Bamberg	Engelsdorf	06.12.80	244 092
E 44 093	Hen/SSW	23800/3426	08.02.39	Bamberg	Würzburg	30.11.83	144 093
E 44 094	Hen/SSW	23801/3427	09.03.39	Bamberg	Rosenheim	30.11.82	144 094
E 44 095	Hen/SSW	23802/3428	04.39	Bamberg	Engelsdorf	z 24.07.81	244 095[z]
E 44 096	Hen/SSW	23803/3429	30.05.39	Bamberg	Rosenheim	30.11.82	144 096
E 44 097	Hen/SSW	23804/3430	28.07.39	München Hbf	Rosenheim	30.11.82	144 097
E 44 098	Hen/SSW	23805/3431	03.08.39	Salzburg	Rosenheim	30.11.82	144 098
E 44 099	Hen/SSW	23806/3432	15.09.39	Salzburg	Würzburg	30.11.82	144 099
E 44 100	Hen/SSW	23807/3433	03.10.39	Bamberg	Würzburg	30.11.78	144 100
E 44 101	Hen/SSW	23808/3434	1939	Halle/S.	Leipzig West	01.07.76	244 101
E 44 102	Hen/SSW	23809/3435	01.40	Halle/S.	Leipzig-Wahren	z 01.04.82	244 102[z]
E 44 103	Hen/SSW	24279	1940	Halle/S.	Rostock	06.12.94	144 103[*]
E 44 104	Hen/SSW	24280	1940	Halle/S.	Halle P	09.46	E 44 104[s]
E 44 105	Hen/SSW	24281	1940	Leipzig West	Halle P	23.06.91	244 105[*]
E 44 106	Hen/SSW	24282	1940	Leipzig West	Leipzig West	09.46	E 44 106[s]
E 44 107	KM/SSW	15678	09.10.39	Salzburg	Würzburg	30.11.83	144 107
E 44 108	KM/SSW	15679	16.11.39	Halle/S.	Halle P	14.10.92	244 108[*]
E 44 109	KM/SSW	15680	15.01.40	Leipzig-Wahren	Weißenfels	30.11.83	244 109
E 44 110	KM/SSW	15681	09.04.40	Augsburg	Rosenheim	29.12.77	144 110
E 44 111	KM/SSW	15682	13.04.40	Augsburg	Rosenheim	24.06.82	144 111
E 44 112	Hen/SSW	24744	19.05.41	Leipzig West	Halle P	z 08.07.79	244 112[z]
E 44 113	Hen/SSW	24745	11.06.41	Leipzig West	Jüterbog	10.12.85	244 113
E 44 114	Hen//SSW	24746	1941	Bamberg	Erfurt	18.02.88	244 114
E 44 115	Hen/SSW	24747	15.08.41	Augsburg	Augsburg	28.09.78	144 115
E 44 116	Hen/SSW	24748	25.09.41	München Ost	Würzburg	30.11.83	144 116
E 44 117	Hen/SSW	24749	13.10.41	München Ost	Würzburg	31.07.84	144 117
E 44 118	Hen/SSW	24750	27.11.41	München Ost	Würzburg	28.09.78	144 118
E 44 119	WLF/SSW	3229	08.08.41	Bamberg	Würzburg	31.07.84	144 119[*]
E 44 120	WLF/SSW	3230	18.10.41	Bamberg	Augsburg	29.12.77	144 120
E 44 121	WLF/SSW	3231	14.11.41	Bamberg	Stuttgart	30.11.83	144 121
E 44 122	WLF/SSW	3232	22.12.41	Bamberg	Bamberg	10.05.45	E 44 122[k]
E 44 123	WLF/SSW	3233	1942	Saalfeld/S.	Halle P	06.07.78	244 123
E 44 124	WLF/SSW	3234	1942	Saalfeld/S.	Leipzig-Wahren	29.11.88	244 124
E 44 125	WLF/SSW	3235	1942	Weißenfels	Erfurt	z 30.09.82	244 125[z]
E 44 126	Hen/SSW	26111	04.01.43	Bamberg	Stuttgart	30.11.83	144 126
E 44 127	Hen/SSW	26112	1943	Hirschberg	Leipzig-Wahren	29.12.89	244 127
E 44 128	Hen/SSW	26113	1943	Halle/S.	Weißenfels	20.09.91	244 128
E 44 129	Hen/SSW	26114	03.43	*(Halle/S. geplant)*		11.05.43	E 44 129[k]
E 44 130	Hen/SSW	26115	1943	Dessau Hbf	Engelsdorf	08.10.80	244 130
E 44 131	Hen/SSW	26116	1943	Dessau Hbf	Leipzig West	28.12.88	244 131[*]
E 44 132	Hen/SSW	26117	02.04.43	Dessau Hbf	Leipzig West	z 24.07.81	244 132[z]
E 44 133	Hen/SSW	26118	02.04.43	Halle/S.	Halle P	29.11.88	244 133
E 44 134	Hen/SSW	25375	1942	Saalfeld/S.	Leipzig West	01.09.85	244 134
E 44 135	Hen/SSW	25376	1942	Saalfeld/S.	Halle P	17.07.88	244 135
E 44 136	Hen/SSW	25377	1942	Saalfeld/S.	Lu. Wittenberg	01.09.88	244 136
E 44 137	Hen/SSW	25378	13.03.42	Saalfeld/S.	Rostock	04.09.91	244 137[*]
E 44 138	Hen/SSW	25379	19.04.42	Augsburg	Würzburg	31.07.84	144 138
E 44 139	Hen/SSW	25380	1942	Augsburg	Leipzig West	29.04.92	244 139[*]
E 44 140	Hen/SSW	25381	09.05.42	Augsburg	Würzburg	30.11.83	144 140
E 44 141	Hen/SSW	25382	08.06.42	Neu-Ulm	Augsburg	25.10.79	144 141
E 44 142	Hen/SSW	25383	08.06.42	Neu-Ulm	Augsburg	30.11.78	144 142
E 44 143	Hen/SSW	25384	1942	Leipzig West	Schwerin	30.12.92	244 143[*]
E 44 144	Hen/SSW	25385	1942	Weißenfels	Weißenfels	04.46	E 44 144[s]
E 44 145	Hen/SSW	25386	19.07.42	Saalfeld/S.	Rosenheim	25.09.83	144 145
E 44 146	Hen/SSW	25387	1942	Leipzig West	Leipzig West	01.07.81	244 146[*]
E 44 147	Hen/SSW	25388	26.08.42	Neu-Ulm	Stuttgart	29.09.77	144 147
E 44 148	Hen/SSW	25389	1942	Leipzig-Wahren	Halle P	01.07.92	244 148[*]
E 44 149	Hen/SSW	25390	28.09.42	Saalfeld/S.	Würzburg	31.07.84	144 149
E 44 150	Hen/SSW	25391	02.10.42	Augsburg	Würzburg	29.02.84	144 150[*]
E 44 151	Hen/SSW	25392	1942	Bamberg	Erfurt	31.01.90	244 151
E 44 152[W]	Hen/SSW	25557	30.04.43	Freilassing	Freiburg	28.09.78	145 152
E 44 153[W]	Hen/SSW	25558	30.04.43	Freilassing	Stuttgart	30.11.83	145 153
E 44 154[W]	Hen/SSW	25559	20.05.43	Freilassing	Freiburg	26.05.77	145 154
E 44 155[W]	Hen/SSW	25560	09.06.43	Freilassing	Würzburg	29.02.84	145 155
E 44 156[W]	Hen/SSW	25561	07.06.43	Freilassing	Stuttgart	25.09.83	145 156
E 44 157[W]	Hen/SSW	25562	21.06.43	Augsburg	Stuttgart	25.09.83	144 157
E 44 158[W]	Hen/SSW	25563	08.07.43	Augsburg	Rosenheim	31.08.83	145 158
E 44 159[W]	Hen/SSW	25564	22.07.43	Augsburg	Stuttgart	30.11.83	144 159
E 44 160[W]	Hen/SSW	25565	06.08.43	Freilassing	Stuttgart	30.11.83	144 160
E 44 161[W]	Hen/SSW	25566	16.08.43	Freilassing	Freiburg	25.01.79	145 161
E 44 162[W]	Hen/SSW	25567	06.09.43	Freilassing	Würzburg	29.02.84	145 162
E 44 163[W]	Hen/SSW	25568	25.09.43	Freilassing	Würzburg	30.11.83	145 163
E 44 164[W]	Hen/SSW	25569	28.09.43	Freilassing	Stuttgart	25.09.83	145 164
E 44 165[W]	Hen/SSW	25570	06.10.43	München Hbf	Rosenheim	25.09.83	145 165
E 44 166[W]	Hen/SSW	25571	11.11.43	München Hbf	Garmisch	29.01.81	144 166
E 44 167[W]	Hen/SSW	25572	23.11.43	München Hbf	Freiburg	27.07.78	145 167
E 44 168[W]	Hen/SSW	25573	02.02.44	München Hbf	Würzburg	29.02.84	145 168
E 44 169[W]	Hen/SSW	25574	04.06.44	München Hbf	Freiburg	27.07.78	145 169
E 44 170[W]	Hen/SSW	25575	06.04.44	Augsburg	Würzburg	29.02.84	145 170[*]
E 44 171[W]	Hen/SSW	25576	06.06.44	Augsburg	Augsburg	25.10.79	144 171
E 44 172[W]	Hen/SSW	25577	1944	München Hbf	Würzburg	29.02.84	145 172
E 44 173[W]	Hen/SSW	25578	1944	*(München Hbf geplant)*		07.11.45	E 44 173[W k]

Lok-nummer	Hersteller	Fabrik-Nr.[1]	Anlieferung	erstes Bw	letztes Bw	ausge-mustert	letzte Loknummer
E 44 174[W]	Hen/SSW	25579	28.11.44	München Hbf	Freiburg	26.01.78	145 174
E 44 175[W]	Hen/SSW	25580	1945	München Hbf	Garmisch	27.11.80	144 175
E 44 176[W]	Hen/SSW	25581	1945	München Hbf	Rosenheim	25.09.83	145 176
E 44 177[W]	Hen/SSW	25582	01.46	München Hbf	Rosenheim	31.08.83	145 177
E 44 178[W]	Hen/SSW	25583	1945	(RAW Dessau)[4]	Halle P	21.11.73	244 178
E 44 179[W]	Hen/SSW	25584	31.07.1946	München Hbf	Würzburg	29.02.84	144 179
E 44 180[W]	Hen/SSW	25585	03.47	München Hbf	Rosenheim	30.06.83	145 180[*]
E 44 181[W]	Hen/SSW	25586	08.50	Stuttgart	Freiburg	25.01.79	145 181
E 44 182[W]	Hen/SSW	25587	1950	Stuttgart	Rosenheim	30.11.82	144 182
E 44 183[W]	Hen/SSW	25588	01.51	Stuttgart	Rosenheim	24.06.82	144 183
E 44 184[G]	Hen/SSW	26502	21.01.55	München Hbf	Rosenheim	30.11.78	144 184
E 44 185[G]	Hen/SSW	26503	24.02.55	München Hbf	Würzburg	31.07.84	144 185
E 44 186[G]	Hen/SSW	26504	18.04.55	München Hbf	Rosenheim	30.11.82	144 186
E 44 187[G]	Hen/SSW	26505	29.11.54	München Hbf	Rosenheim	25.09.83	144 187
E 44 188	AW MF	ex E 244 11	Abn.20.11.63	Freiburg	Rosenheim	30.11.82	144 188
E 44 189	AW MF	ex E 244 22	Abn.17.08.65	Freiburg	Stuttgart	30.11.83	144 189

Baureihe E 44^1, ab 1938: E 44^5 (ab 1968: 144.5 DB)

Lok-nummer	Hersteller	Fabrik-Nr.[1]	Anlieferung	erstes Bw	letztes Bw	ausge-mustert	letzte Loknummer
E 44 101	BMAG/MSW	9924/195	01.04.31	Hirschberg[5]			
			Abn: 07.32	Freilassing	Freilassing	08.11.60	E 44 501
E 44 102	BMAG/AEG	10119/4801	04.04.33	Freilassing	Freilassing	29.05.83	144 502[*]
E 44 103	BMAG/AEG	10120/4802	30.03.33	Freilassing	Freilassing	30.11.78	144 503
E 44 104	BMAG/AEG	10121/4803	27.04.33	Freilassing	Freilassing	29.05.83	144 504
E 44 105	BMAG/AEG	10122/4804	26.05.33	Freilassing	Freilassing	29.05.83	144 505
E 44 106	AEG	4819	11.05.34	Freilassing	Freilassing	29.09.77	144 506
E 44 107	AEG	4820	04.06.34	Freilassing	Freilassing	29.05.83	144 507[*]
E 44 108	AEG	4821	12.07.34	Freilassing	Freilassing	30.06.77	144 508[*]
E 44 109	AEG	4822	10.01.35	Freilassing	Freilassing	30.11.78	144 509

Prototyp E 44 201 (ab 1938: E 44 2001)

E 44 201	BMAG/BEW	9826/69	20.12.30	Magdeburg-Rothensee[6]			
			Abn. 07.32	Hirschberg	München Ost	abg. 02.45	E 44 2001

Baureihe E 244 (50-Hertz-Lokomotiven)

E 244 01	AEG	4882	19.08.36	Freiburg	Freiburg	27.07.60	E 244 01
E 244 11	KM/BBC	15500/5132	16.06.36	Freiburg	Freiburg	z 21.05.60	E 244 11[7]
E 244 21	KM/SSW	15499/2818	07.02.36	Freiburg	Freiburg	27.07.60	E 244 21
E 244 22	SWDE/AEG	AEG 7077					
	Umbau aus E 44 005		21.11.50	Freiburg	Freiburg	z 20.05.60	E 244 22[8]
E 244 31	Krupp/Lahm.	Krupp 1509	04.01.36	Freiburg	Freiburg	11.01.61	E 244 31[*]

Anmerkungen

[*]) erhaltene Lokomotiven; siehe Tabelle im Kapitel „Museumsloks"
[**]) 144 039 zunächst als Denkmal in Nordenham erhalten, jedoch 1998 verschrottet
[k]) aufgrund schwerer Kriegsschäden ausgemustert
[u]) aufgrund schwerer Unfallschäden ausgemustert:
244 042 nach Unfall 1972, 244 052 nach Unfall 1965, 244 053 nach Unfall 1960
[s]) E 44 047, 055, 106 Abgabe an Sowjetische Militäradministration, 1952 nicht an DR zurückgegeben
E 44 072, 104, 144 Abgabe in Einzelteilen, Rückkehr fraglich
[z]) bei diesen Loks ist das Datum der z-Stellung genannt, da sie mehr als drei Jahre später ausgemustert worden sind.
Ausmusterung: 244 031 am 14.10.92; 244 095 am 15.05.87; 244 102 (zeitweilig Energiespender für Weichenheizung) am 07.03.90; 244 112 am 30.03.1989 (danach in Trafo-Station umgebaut); 244 125 am 21.11.85 und 244 132 am 28.12.86
[1]) Fabriknummern des Mechanteils/E-Teils; ab E 44 103 von SSW keine Fabriknummern mehr vergeben
[2]) Mechanteil und E-Teil der E 44 001 bei SSW in Berlin gefertigt, lediglich Lokkasten von Waggonfabrik Wismar zugeliefert
[3]) E 44 001 am 26.8.1930 beim Bw Magdeburg-Rothensee in Dienst gestellt (buchmäßig als E 40 70);
als Anlieferungs-Datum nennt das Betriebsbuch den 10.5.1932 (Tag der Übernahme durch die DRG)
[4]) E 44 178 erst im August 1960 abgenommen und beim Bw Halle P in Dienst gestellt
[5]) E 44 101 (buchmäßig zunächst E 44 90) schon ab Juni 1931 beim Bw Freilassing
[6]) E 44 201 (buchmäßig zunächst E 44 80) schon ab April 1931 beim Bw Hirschberg
[7]) E 244 11 umgebaut in E 44 188
[8]) E 244 22 umgebaut in E 44 189

Abkürzungen der Hersteller

AEG Allgemeine Elektricitäts-Gesellschaft, Berlin
BBC Brown, Boveri & Cie., Mannheim
BEW Bergmann-Elektrizitäts-Werke AG, Berlin
BMAG Berliner Maschinenbau AG, Wildau (bei Berlin)
Hen Henschel & Sohn GmbH, Kassel
Lahm. Garbe, Lahmeyer & Co., Aachen
KM Krauss-Maffei AG, München-Allach
MSW Maffei-Schwartzkopff-Werke, Wildau (bei Berlin)
SSW Siemens-Schuckertwerke AG, Berlin
WLF Wiener Lokomotivfabrik, Floridsdorf

Umbauten durchgeführt von
AW MF AW München-Freimann
SWDE Südwestdeutsche Eisenbahnen, Bw Basel

Quellen

Hans-Dieter Andreas: Von „B" nach „G" – Details bezüglich des Wendezugbetriebs mit E 44; in Eisenbahn-Journal 5/2001

Dieter Bäzold, Brian Rampp, Christian Tietze: Elektrische Lokomotiven deutscher Eisenbahnen. Alba Publikation, Düsseldorf 1993

Dieter Bäzold, Horst J. Obermayer: Die Baureihe E 44. EJ-Sonderausgabe III/1991

Andreas Braun, Florian Hofmeister: E 44^5 und die Bahnlinie Freilassing – Berchtesgaden. Verlag F. Hofmeister Eisenbahnclub München e.V., München 1983

Deutsche Bundesbahn: Merkbuch für Elektrische Triebfahrzeuge einschl. zugehöriger Steuer- und Beiwagen (Regelspur); DV 939 b, gültig vom 1. Oktober 1961 an

Deutsche Reichsbahn: Merkbuch für Elektrische Lokomotiven, Trieb-, Bei- und Steuerwagen; DV 939 c, Ausgabe 1941

Deutsche Reichsbahn: Beschreibung der Personen- und Güterzuglokomotive Gattung Bo'Bo', Reihe 44 (ohne Widerstandsbremse); DV 930 51, Ausgabe 1943

Franz Gemeinböck, Wolfgang Pischek, Werner Streil: Die Baureihe E 44^5. KIRUBA-Classic 1/2015

Konrad Koschinski: Wendezüge in Deutschland. EJ-Exklusiv 1/2015

Otto Michel: Die elektrischen Lokomotiven der Achsfolge Bo-Bo Bauart Siemens-Schuckertwerke; in ELEKTRISCHE BAHNEN, Jahrgang 1933 (Seiten 157 ff.)

Otto Michel: Hundert elektrische Lokomotiven der Reihe E 44; in ELEKTRISCHE BAHNEN, Jahrgang 1940 (Seiten 83 ff.)

Brian Rampp: Die Baureihe E 44 – Die richtungsweisenden Serienlokomotiven der Bauart SSW. EK-Verlag, Freiburg 2009

Walter Reichel: Elektrische Lokomotive der Achsfolge Bo-Bo mit geschweißten Rahmen und anderen neuartigen Bauteilen (Bauart Siemens-Schuckert); in: ELEKTRISCHE BAHNEN, Jahrgang 1933 (Seiten 1 ff.)

Richard Rotter, Helmut Petrovitsch: Triebfahrzeuge österreichischer Eisenbahnen / Elektrische Lokomotiven und Triebwagen. Alba Publikation, Düsseldorf 1990

Werner Streil: Baureihe 111 – Die Entwicklung der elektrischen Drehgestell-Lokomotiven von der bayerischen EG 4 x 1/1 bis zur BR 111. GeraMond Verlag, München 2014

H. Tetzlaff: Fünf Jahre deutscher elektrischer Lokomotivbau – Abschnitt zu den Versuchslokomotiven für 50 Hertz (E 244); in: Glasers Annalen, Ausgaben vom 15.1.1942 und 1.2.1942

Der Autor dankt Joachim Hund für seinen Gastbeitrag und Informationen zu den Museumsloks sowie den Herren Wolfgang D. Richter und Bernd Zöllner für fachlichen Rat insbesondere bei den Themen „Farbgebung" und „Dachausrüstung".

Unsere Fachhändler im In- und Ausland, geordnet nach Postleitzahlen

Modellbahn-Center • EUROTRAIN Idee+Spiel-Fachgeschäft • Spielzeugring-Fachgeschäft

FH = Fachhändler • RW = Reparaturdienst und Werkstätten • H = Hersteller • A = Antiquariat • B = Buchhändler • SA = Schauanlagen

01187 Dresden
SCHILDHAUER-MODELLBAHN
Würzburger Str. 81
Tel.: 0351 / 27979215 • Fax: 0351 / 27979213
www.modellbahn-schildhauer.de
modellbahn-schildhauer@online.de
FH

01445 Radebeul
MODELLEISENBAHNEN
Grundkötter GmbH
Hauptstr. 22
Tel.: 0351 / 8308180 • Fax: 0351 / 8365950
www.modellbahn-radebeul.de • gruni64@aol.com
FH/RW

04159 Leipzig
bahnundbuch.de
Versandhandel für Fachliteratur, Videos, DVDs, CDs
Raustr. 12
Tel.: 0341 / 2682492 • www.bahnundbuch.de
B

10318 Berlin
MODELLBAHNBOX KARLSHORST
Treskow-Allee 104
Tel.: 030 / 5083041
www.modellbahnbox.de
FH/RW/A EUROTRAIN

10589 Berlin
MODELLB. am Mierendorffplatz GmbH
Mierendorffplatz 16
Direkt an der U7 / Märklin-Shop-Berlin
Tel.: 030 / 3449367 • Fax: 030 / 3456509
www.Modellbahnen-Berlin.de
FH EUROTRAIN

10789 Berlin
MODELLBAHNEN TURBERG
Lietzenburger Str. 51
Tel.: 030 / 2199900
Fax: 030 / 21999099
www.turberg.de
FH/RW/A/B EUROTRAIN

12105 Berlin
MODELLBAHN PIETSCH GMBH
Prühßstr. 34
Tel./Fax: 030 / 7067777
www.modellbahn-pietsch.com
EUROTRAIN

14057 Berlin
BREYER MODELLEISENBAHNEN
Kaiserdamm 99
Tel./Fax: 030 / 3016784
www.breyer-modellbahnen.de
FH/RW/A

22083 Hamburg
MEISES ModellbahnCenter
MMC GmbH & Co. KG
Beethovenstr. 64
Tel.: 040/60563593 • Fax: 040/18042390
www.meises-mobacenter.de
FH/RW EUROTRAIN

22767 Hamburg
MODELLBAHN ALTONA
Dipl. Ing. Uwe Draabe
Ehrenbergstr. 72
Tel.: 040 / 3800819 • Fax: 040 / 3892491
www.1000Loks.de
FH/RW/A EUROTRAIN

25355 Barmstedt
MODELLBAHNEN HARTMANN
Reichenstr. 24
Tel.: 04123 / 6706
Fax: 04123 / 959473
Modellbahnen-Hartmann@t-online.de
FH/RW/B EUROTRAIN

28865 Lilienthal b. Bremen
HAAR
MODELLBAHN-SPEZIALIST
Hauptstr. 96
Tel.: 04298 / 916521 • Fax: 04298 / 916527
haar.lilienthal@vedes.de
FH/RW

30159 Hannover
TRAIN & PLAY
Modelleisenbahnen • Modellautos
Breite Str. 7 • Georgswall 12
Tel.: 0511 / 2712701
Fax: 0511 / 9794430
FH/RW/A

33102 Paderborn
EMS EXCLUSIV MODELL-SESTER
Friedrichstr. 7 • Am Westerntor
Tel.: 05251 / 184752 • Fax: 05251 / 184753
www.modellbahn-sester.de
info@modellbau-sester.de
FH/RW/A/B

34379 Calden
RAABE'S SPIELZEUGKISTE
Ankauf – Verkauf von Modelleisenbahnen, Autos
Wilhelmsthaler Str. 11
Tel.: 05674/8234317 • wraabe@gmx.net
FH/RW/A/SA

40217 Düsseldorf
MENZELS LOKSCHUPPEN
TÖFF-TÖFF GMBH
Friedrichstr. 6 • LVA-Passage
Tel.: 0211 / 373328
www.menzels-lokschuppen.de
FH/RW EUROTRAIN

42289 Wuppertal
MODELLBAHN APITZ GMBH
Heckinghauser Str. 218
Tel.: 0202 / 626457 • Fax: 0202 / 629263
www.modellbahn-apitz.de
FH

44141 Dortmund
DER LOKSCHUPPEN
DORTMUND GMBH
Märkische Str. 227
Tel.: 0231 / 412920 • Fax: 0231 / 421916
www.Lokschuppen.com
FH EUROTRAIN

44339 Dortmund
MODELL TOM
• NEU • GEBRAUCHT • SERVICE •
Evinger Str. 484
Tel.: 0231 / 8820579 • Fax: 0231 / 8822536
www.modelltom.com
FH/RW

45479 Mülheim
MODELLBAHNLÄDCHEN EULER
K. EULER
Grabenstr. 2
Tel.: 0208 / 423573 • Fax: 0208 / 30599996
modellbahneuler@aol.com
FH

49078 Osnabrück
J.B. MODELLBAHN-SERVICE
Lotter Str. 37
Tel.: 0541 / 433135
Fax: 0541 / 47464
www.jbmodellbahnservice.de
FH/RW EUROTRAIN

52062 Aachen
M. HÜNERBEIN OHG
Markt 11–15
Tel.: 0241 / 33921
Fax: 0241 / 28013
EUROTRAIN

53111 Bonn
MODELLBAHNLAND BONN
Kölnstr. 32-34
Tel.: 0228 / 342410
Fax: 0228 / 348918
www.modellbahnland.de
FH/RW/H/A/SA

53111 Bonn
MODELLBAHNSTATION BONN
Römerstr. 23
Tel.: 0228 / 637420
FH EUROTRAIN

58135 Hagen-Haspe
LOKSCHUPPEN HAGEN HASPE
Vogelsanger Str. 36-40
Tel.: 02331 / 404453 Fax: 02331 / 404451
www.lokschuppenhagenhaspe.de
office@lokschuppenhagenhaspe.de
FH/RW

63110 Rodgau
MODELL + TECHNIK
Ute Goetzke
Untere Marktstr. 15
Tel.: 06106 / 74291 • Fax: 06106 / 779137
info@mut-goetzke.de
FH

63654 Büdingen
MODELL & TECHNIK
RAINER MÄSER
Berliner Str. 4
Tel.: 06042 / 3930
Fax: 06042 / 1628
FH EUROTRAIN

67071 Ludwigshafen-Oggersh.
SPIELWAREN WERST
Schillerstraße 3
Tel.: 0621 / 682474
Fax: 0621 / 684615
www.werst.de • werst@werst.de
FH/RW

67146 Deidesheim
moba-tech
der modelleisenbahnladen
Bahnhofstr. 3
Tel.: 06326 / 7013171 • Fax: 06326 / 7013169
www.moba-tech.de • info@moba-tech.de
FH/RW

67655 Kaiserslautern
DiBa-MODELLBAHNEN
Königstr. 20-22
Tel./Fax: 0631 / 61880
geschaeft@diba-modellbahnen.de
FH/RW EUROTRAIN

69214 Eppelheim/Heidelberg
MODELLBAHN SCHUHMANN
Schützen-/Ecke Richard-Wagner-Str.
Tel.: 06221 / 76 38 86
Fax: 06221 / 768700
www.Modellbahn-Schuhmann.de
FH/RW EUROTRAIN

70180 Stuttgart
SUCH & FIND
An- + Verkauf von Modellbahnen
Mozartstr. 38
Tel. + Fax: 0711 / 6071011
www.suchundfind-stuttgart.de
A

71032 Böblingen
EISENBAHN UND MODELLBAU
B. Köngeter
Poststr. 44
Tel.: 07031 / 225677
FH/RW/B

71334 Waiblingen
EISENBAHNTREFFPUNKT
Schweickhardt GmbH & Co. KG
Biegelwiesenstr. 31
Tel.: 07151/937931 • Fax: 07151/34076
ets@modelleisenbahn.com
FH/RW/A/B EUROTRAIN

71638 Ludwigsburg
ZINTHÄFNER
Spiel – Freizeit
Solitudestr. 40
Tel.: 07141 / 925611
FH

71720 Oberstenfeld
SYSTEM COM 99
Modellbahn-Zentrum-Bottwartal
Schulstr. 46
Tel.: 07062 / 9788811
www.Modellbahn-Zentrum-Bottwartal.de
FH/RW EUROTRAIN